工业硅及硅铁生产

谢 刚　包崇军　李宗有　等著

北 京
冶 金 工 业 出 版 社
2024

内 容 提 要

本书分两篇分别介绍了工业硅、硅铁生产的工艺、装备、技术指标、环保治理等内容，总结了近年来该领域技术创新取得的成果以及应用情况。在工业硅生产部分介绍了工业硅的性质、工艺原理、生产原料、操作参数、炉外精炼、生产设备、环境保护及未来发展趋势；在硅铁生产部分介绍了硅铁的性质、生产原理、原料情况、物料平衡计算、工艺操作、生产设备、环境保护等。

本书可作为职业技术学院大中专学生学习参考用书，也可作为工业硅、硅铁冶金企业职工培训用书或供相关专业工程技术人员参考。

图书在版编目(CIP)数据

工业硅及硅铁生产/谢刚等著. —北京：冶金工业出版社，2016.1 (2024.1 重印)

ISBN 978-7-5024-6810-1

Ⅰ.①工… Ⅱ.①谢… Ⅲ.①硅—研究 ②硅铁—铁合金熔炼 Ⅳ.①TQ127.2 ②TF645

中国版本图书馆 CIP 数据核字(2014)第 276752 号

工业硅及硅铁生产

出版发行 冶金工业出版社　　**电　　话** (010)64027926
地　　址 北京市东城区嵩祝院北巷 39 号　　**邮　　编** 100009
网　　址 www.mip1953.com　　**电子信箱** service@mip1953.com

责任编辑 杨盈园　美术编辑 彭子赫　版式设计 孙跃红
责任校对 禹　蕊　责任印制 禹　蕊
北京建宏印刷有限公司印刷
2016 年 1 月第 1 版，2024 年 1 月第 2 次印刷
710mm×1000mm 1/16；12.25 印张；234 千字；181 页
定价 48.00 元

投稿电话 (010)64027932 投稿信箱 tougao@cnmip.com.cn
营销中心电话 (010)64044283
冶金工业出版社天猫旗舰店 yjgycbs.tmall.com
(本书如有印装质量问题，本社营销中心负责退换)

序　言

随着科学技术的发展，工业硅的用途日益向高新技术领域扩展。金属硅的应用已从传统材料产业的合金元素及冶金辅料领域向新材料产业、光伏产业和信息产业迅速发展。品种众多、应用十分广泛的硅系高分子材料，其主要基质是有机硅；光伏电源中，硅太阳能电池占80%以上；大规模集成电路和光导纤维制造更离不开高纯金属硅。工业硅制造业一定程度上已成为现代信息时代重要的基础支柱产业。

我国的工业硅生产，经过50多年的发展，现在产能、产量已均居世界首位。我国工业硅出口到近60个国家和地区，年出口量已相当于西方发达国家总消费量的一半以上。我国的工业硅生产，对我国和世界硅业及各相关行业的发展都有着举足轻重的影响。

纵观我国工业硅行业的发展，近年来在冶炼工艺技术绿色化、工艺装置大型化、节能降耗、冶炼烟气余能利用污染治理等方面均有明显进步。当前，国家提出实施“中国制造2025”十年行动纲领，推动产业结构迈向中高端。强调“坚持创新驱动、智能转型、强化基础、绿色发展，加快从制造大国转向制造强国”。

为使工业硅行业的发展适应形势的需要，必须认真贯彻落实纲领精神，坚持创新驱动、智能转型、强化基础、绿色发展，在强化对传统产业技术进行高新技术改造的同时，进一步提高行业准入门槛，加速淘汰落后生产装置，化解过剩产能，鼓励和支持企业兼并重组，通过市场竞争优胜劣汰，实现工业硅行业产业结构的调整和增长方式的转变。

我国是世界上最大的铁合金生产国。硅铁产品作为钢铁和金属镁等工业的重要原材料，在国民经济建设中发挥着重要作用。因此，我们必须认真思考硅铁行业未来发展方向，以推动硅铁行业健康有序的发展。首先，我国硅铁行业要按照循环经济的理念，降低硅铁生产的能耗、物耗，努力构建资源节约型、生产清洁型企业，推动硅铁行业向高效、节能、环保和可持续方向发展。其次，加大技术研发力度，发展高品质硅铁。再次，通过优化重组产业布局，提高行业集中度，全面提升我国硅铁的国际竞争力。最后，严格控制行业准入，淘汰落后产能，维护硅铁市场供需平衡。

当前，工业硅及硅铁产业正处于结构调整时期，面临资源、环境、能源三大问题，为促进工业硅及硅铁行业的可持续发展，必须走科技创新之路。目前国内全面介绍工业硅和硅铁生产应用技术理论与实践的书籍很少，为了给相关部门技术人员提供一本具有实用价值的参考资料，作者编写了此书。

本书共分为两篇，第一篇为工业硅生产，第二篇为硅铁生产。介绍工业硅的生产为 1 ~ 9 章。其中第 1 章、第 2 章介绍了硅及部分硅化合物的理化性质、工业硅在国内外的生产现状，以及用途和市场。第 3 章从热力学、动力学角度对工业硅生产过程的反应机理进行了细致分析。第 4 章、第 5 章、第 6 章介绍了工业硅生产过程原料的配料计算、清洗以及电极的制作、主要控制参数、工艺操作、生产过程中异常情况处理方法以及工业硅的精炼方法。第 7 章、第 8 章主要介绍了工业硅的主要设备以及除尘装置。第 9 章介绍了工业硅节能降耗措施、木炭还原剂替代研究的意义，以及工业硅生产装备水平改进和提高的必要性。介绍硅铁的生产为 10 ~ 14 章，第 10 章介绍了硅铁的理化性质、国内外生产现状以及硅铁的用途和市场。第 11 章介绍了硅铁的生产原料与冶炼原理，以及硅铁生产过程异常炉况的处理方法。第 12 章介绍了硅铁生产的主要设备矿热炉、电极等。第 13 章、第 14 章介绍了硅铁的精炼方法及环境保护。

本书第1章、第2章由谢刚、周扬民、李亚东、何光深编写；第3章、第4章由谢刚、李宗有、杨妮、甘胤、谢红艳、张安福编写；第5章、第6章由卢国洪、田林、周扬民、黄兆波、何光深编写；第7章由包崇军、卢国洪、赵兴凡、李宗有、张安福、张忠益编写；第8章由杨妮、甘胤、卢国洪、谢红艳、何光深编写；第9章由包崇军、赵兴凡、周扬民、张安福、李宗有、和晓才、李亚东、卢国洪、张忠益编写；第10章由李宗有、聂陟枫、万宁、谢红艳、何光深编写；第11章由李宗有、包崇军、赵兴凡、张安福编写；第12章由李宗有、田林、周扬民、谢红艳、卢国洪、张忠益编写；第13章、第14章由周扬民、卢国洪、杨妮、甘胤编写。在本书的编写过程中，得到了云南永昌硅业股份有限公司及昆明冶金研究院各级领导的大力支持，在此表示衷心感谢。

由于编者水平有限，书中若有不妥之处敬请广大读者批评指正。

著　者

2015年4月

目　录

第1篇　工业硅生产

第2篇 硅铁生产

第1篇

工业硅生产

1 概 况

1.1 硅的性质

硅是自然界分布最广的元素之一，地壳中约含26.4%，是介于金属和非金属之间的半金属。在自然界中，硅主要是以氧化硅和硅酸盐的形态存在，是一种半导体材料，太阳能电池片的主要原材料，亦可用于制作半导体器件和集成电路。

最早的纯硅是在1811年由哥依鲁茨克和西纳勒德通过加热硅的氧化物而获得的。硅的性质在1823年由雅各布·贝采利乌斯描述，定名为元素硅（Si）。

在1855年由德威利获得灰黑色金属光泽的晶体硅。

高纯硅由贝克特戚通过 $SiCl_4 + 2Zn = 2ZnCl_2 + Si$ 方法获得。

1.1.1 硅的物理性质

硅属元素周期表中第三周期ⅣA族，原子序数14，相对原子质量28.085。地球上硅的丰度为25.8%。硅在自然界的同位素及其所占的比例分别为：^{28}Si 为92.23%，^{29}Si为4.67%，^{30}Si 为3.10%。纯硅是一种深灰色不透明，有金属光泽的晶体物质。晶体硅为钢灰色，无定形硅为黑色，密度2.4g/cm^3，熔点1414℃，沸点2355℃，晶体硅属于原子晶体，硬而有光泽，有半导体性质。硅的结构与金刚石类似，是正四面体结构。结晶型的硅是暗黑蓝色的，很脆，是典型的半导体。硅的主要物理性质列举于表1.1。

表1.1 硅的主要物理性质

晶格常数 a/nm	硬度（莫氏）	熔点 T/K	沸点 T/K	熔化热 Q/kJ · mol^{-1}	汽化热 Q/kJ · mol^{-1}	密度 ρ/kg · m^{-3}
0.543	7	1683	2628	39.6	383.3	2330(298K)

续表 1.1

原子半径 r/pm	摩尔体积 V_m/cm^3	电阻率 ρ/Ω·m	第一电离能 W/kJ·mol^{-1}	热导率 λ/W·m^{-1}·K^{-1}	线膨胀系数 α_1/K^{-1}	比热容 c/J·mol^{-1}·K^{-1}
117	12.06	0.001 (273K)	787.16	148(300K)	4.2×10^{-6}	17.058

1.1.2 硅及其部分化合物的化学性质

硅的化学性质比较活泼，在高温下能与氧气等多种元素化合，不溶于水、硝酸和盐酸，溶于氢氟酸和碱液，用于造制合金如硅铁、硅钢等，单晶硅是一种重要的半导体材料，用于制造大功率晶体管、整流器与太阳能电池等。

硅原子的外电子层构型为 $[Ne]3s^2 3p^2$。硅有 +4 和 +2 两种价态，其中以四价化合物为最稳定。硅在低温下不活泼，它不溶于任何浓度的酸中，但能与1∶1的硝酸和氢氟酸的混合稀酸发生反应：

$$Si + 4HF + 4HNO_3 = SiF_4(g) + 4NO_2(g) + 4H_2O$$

$$3Si + 12HF + 4HNO_3 = 3SiF_4(g) + 4NO(g) + 8H_2O$$

硅的这个特性可用于硅的化学分析，即先将试样中的硅以氟化物形式挥发，然后分析硅中残留的铝、铁、钙等元素。硅与碱反应生成硅酸盐，同时放出氢气。如：

$$Si + 2NaOH + H_2O = Na_2SiO_3 + 2H_2(g)$$

利用此反应可以在野外制氢。硅与卤素反应生成相应的 SiF_4、$SiCl_4$ 等化合物。硅的这些卤化物是生产多晶硅的主要原料。硅在高温下能与氧化合生成 SiO_2 或 SiO。硅几乎能与所有非金属形成化合物，如与碳反应生成的 SiC 具有良好的耐磨、耐高温性能。硅可与大多数熔融金属互溶，如硅、铁可按比例互溶形成多种硅化物；硅、铝以任何比例互溶而不生成任何化合物。

硅在常温下很不活泼，但在高温下很易和氧、硫、氮、卤素及许多金属化合成相应的化合物。

1.1.2.1 二氧化硅（SiO_2）

二氧化硅在自然界中有两种存在形式：α 结晶态和无定形态，结晶态二氧化硅主要以简单氧化物及复杂氧化物的形式存在于自然界。冶炼工业硅使用的硅石，就是以简单氧化物形式广泛存在的结晶态二氧化硅。

结晶态二氧化硅根据晶型的不同，在自然界存在着三种不同的形态，α 石英、鳞石英和方石英，这几种不同形态的二氧化硅又各有高温型和低温型两种变体。因而，结晶态二氧化硅实际上有六种不同的晶型，各种不同晶型的存在范围、转化情况如图 1.1 所示。

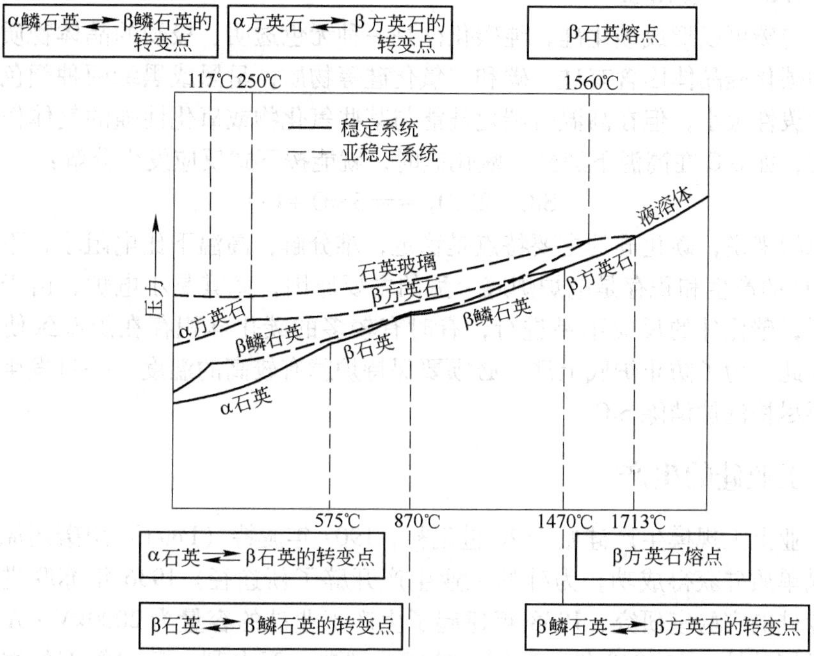

图 1.1 二氧化硅的晶型转变

在工业硅的冶炼过程中，随着炉内温度逐渐升高，不同晶型的二氧化硅在转化过程中，不仅晶型发生变化，而且晶体的体积也伴随着发生变化，特别是，石英转化成鳞石英时，体积发生明显膨胀，这是硅石在冶炼过程中发生爆裂的主要原因。硅石爆裂后颗粒变细、透气性降低，这对工业硅生产不利。大电炉炉口温度高，爆裂严重，所以要求硅石有较好的抗爆性。

结晶态二氧化硅是一种坚硬、较脆、难熔的固体，熔点 1713℃，沸点 2590℃。

二氧化硅在低温下比电阻很高。但温度升高时，二氧化硅的比电阻急剧降低，比电阻大对工业硅冶炼有利。

二氧化硅是一种很稳定的氧化物，化学性质很不活泼。除氢氟酸外，二氧化硅不溶于任何酸。

1.1.2.2 一氧化硅（SiO）

硅与氧在自然界中普遍存在的形式是二氧化硅，但是在一定条件下，例如将硅和二氧化硅混合物加热到1500℃以上，或者将碳和过量的二氧化硅混合物加热到大约2000℃时，可获得气态物质SiO。SiO 的挥发性很强，其蒸气压在 1890℃时就可达到 1.01325×10^5Pa。SiO 的高挥发性，在硅石的还原过程中起着十分重要的有益作用，它可以促进反应的加速进行。

1.1.2.3 碳化硅

硅与碳可以形成碳化硅，纯碳化硅是一种无色透明、极硬的晶体物质。工业上纯的碳化硅晶体因含有硅、碳和二氧化硅等物质，呈黑或黑绿两种颜色。碳化硅的活泼性很小，但在高温时碳化硅能与某些氧化物或氧化性强的气体作用而发生分解，如 SiC 在高温下遇到二氧化硅时，就能按下式反应发生分解：

$$SiC + 2SiO_2 = 3SiO + CO$$

总的来说，碳化硅的主要特点是稳定，难分解，高温下比电阻小，不溶于合金。SiO 的产生和积存是电炉炉底上涨的主要原因，尤其是小电炉，由于炉内温度较低，碳化硅的反应不易进行，有时有较多的碳化硅积存在炉底致使炉底上涨。因此，为了防止炉底上涨，必须要保持炉膛有较高的温度。一旦发生炉底上涨，要尽快洗炉消除 SiC。

1.2 工业硅的生产

工业上大规模生产硅始于20世纪初，1907年波特（Poter）用碳还原硅石制取非晶单质硅获得成功，为硅的工业生产开辟了新途径。1936年苏联进行了制取工业硅的实验室研究，1938年建起了生产工业硅的容量为2000kV·A的单相单电极炼硅炉。在1940年，法国、美国、瑞典、意大利、日本等都相继建起了生产工业硅的电炉。1957年8月中国第一台容量为5000kV·A单相双电极工业炼硅电炉在抚顺铝厂建成投产。60年代末已有10多个国家生产工业硅，年产量约达到20万吨。在此之后，由于有机硅生产的发展和铝硅合金用量的增加，工业硅价格猛涨，从而刺激了一些国家和地区增加或扩大工业硅的生产规模。南非、澳大利亚、罗马尼亚、巴西、阿根廷等国相继新建了工业硅生产厂，加拿大、美国、挪威、委内瑞拉等也扩大了工业硅的生产规模。1983年世界工业硅的生产能力达到75万吨。中国在70年代末以前，只有十几家生产工业硅的工厂，国内的供需基本平衡。80年代后，工业硅生产厂家迅速增加，到1989年中国已有280多家生产厂，炼硅炉总容量达980MV·A，是世界工业硅主要生产国之一。到80年代末，世界一些主要工业硅生产国的生产规模列举于表1.2。

表1.2 世界主要工业硅生产国家的生产规模

国家	炉台数/台	总容量/MV·A	平均炉容量/MV·A	生产能力/$t \cdot a^{-1}$	国家	炉台数/台	总容量/MV·A	平均炉容量/MV·A	生产能力/$t \cdot a^{-1}$
美国	21	366	17.43	199000	加拿大	3	56	18.67	27000
挪威	14	312	22.29	116000	意大利	4	82	20.5	41000
巴西	15	272.5	18.17	136000	瑞典	3	72	24	28000

续表 1.2

国家	炉台数/台	总容量/MV·A	平均炉容量/MV·A	生产能力/t·a^{-1}	国家	炉台数/台	总容量/MV·A	平均炉容量/MV·A	生产能力/t·a^{-1}
南非	3	98	32.67	42000	葡萄牙	4	98	24.5	44000
法国	3	80	26.67	60000	澳大利亚	3	72	24	30000
印度	2	16	8	7700	南斯拉夫				30000
阿根廷	6	48.8	8.13	20000	瑞士				13000
冰岛	2	66	33	28000	中国	396			400000
西班牙	2	48	24	20000					

注：表中的生产能力是以炉容量推算出的设备具备的生产能力。

进入20世纪90年代，由于能源的紧缺，发达国家限制高能耗、污染环境的行业发展，美国、法国、意大利、挪威等国关停了许多企业。相反中国、南非、俄罗斯、蒙古等国家有大量的新工厂投产，南非建成了当时最大的48000kV·A工业硅电炉；尤其是中国6300kV·A以下电炉大面积在云南、贵州、四川等小水电供应区域内建成投产，弥补了发达国家关停造成的产能下降量，并使得世界产能达到120万吨/a以上，近年来发达国家工业硅的需求几于依赖于发展中国家。

2000年以来，工业硅消费量一直在快速增长着，目前世界工业硅的年消费量达到110万吨以上。据统计，2003年西方国家工业硅需求总量接近110万吨，高于2002年的101.6万吨。亚洲地区工业硅消费增长尤为显著；2003年前11个月，日本工业硅净进口同比增长约2.55万吨；韩国工业硅净进口同比增长约5570t（增幅超过21%）。泰国、中国台湾、马来西亚工业硅进口增长也较快。另外，欧洲、美国以外的美洲其他地区及中东部分地区工业硅消费均有不同程度的增长。据统计，2003年12月美国进口工业硅8567t，高于11月份的4576t。2003年全年美国总计进口硅12.635万吨。虽然低于2002年的14.6245万吨（历史最高纪录），但仍然是该国有史以来的年进口量第三的年份。

全球范围内工业硅生产主要集中于欧盟、美国、中国、巴西、挪威、独联体等国家和地区。2005~2010年之间，世界工业硅的产量总体上在增加，但作为工业硅生产较为集中的巴西、挪威产量却有不同程度的下降，其他国家也只是略有增加，世界工业硅产量的增加主要来自中国。

2006~2010年中国工业硅产量和出口量如图1.2所示。

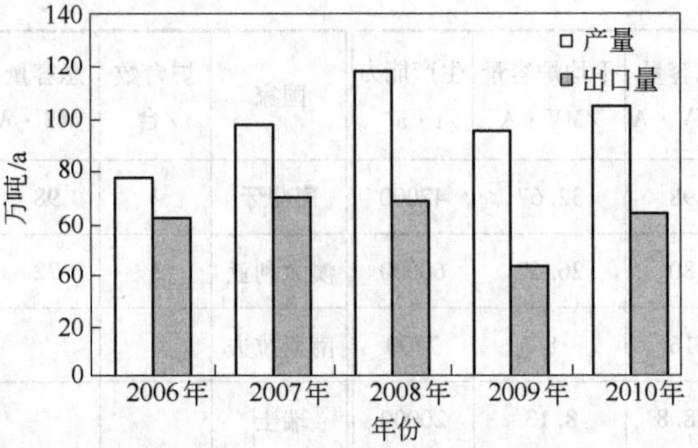

图1.2 2006~2010年中国工业硅产量和出口量

（资料来源：中国有色金属协会硅业分会）

2011年，由于日本遭遇地震，日本铝合金企业开工率不足60%，下游行业低迷造成工业硅进口量明显减少。欧洲受债务危机影响，终端需求减少，三大工业硅下游产业也受到不同程度的影响，下半年随着太阳能企业大批停产，欧洲多晶硅企业也陷入减产，造成整个欧洲对中国工业硅的需求量降至新低。韩国从我国进口工业硅总量从2010年的8.5万吨增长到9.6万吨。增长主要原因是受韩国多晶硅大厂OCI产量增加所致，随着OCI 2011年第二季度完成7000t生产线的扩建，预计今后工业硅进口量还会进一步增长。

2012年日系汽车产量全面下降造成铝合金需求大幅走低，抑制了金属硅需求。欧洲因为经济动荡，汽车及化工业持续低迷，金属硅需求逐月降低。多晶硅行业受全球光伏产品价格影响全面下行。多晶硅价格一路走低，迫使挪威埃肯，意大利MEMC等多晶硅企业减产，削弱了工业硅需求。在欧洲金属硅需求全面下降的影响下，西班牙大西洋铁合金集团宣布两万吨金属硅，并表示未来将根据市场情况进一步削减产量。

1.2.1 国外工业硅生产概况

在20世纪60年代以前，法国、美国、日本、意大利和苏联相继建设了数千千伏安的单相和三相电炉，采用碳热还原法在电炉内熔炼工业硅。

随着成本的降低和应用领域的扩大，20世纪60年代末已有10多个国家生产工业硅，年产量达到约20万吨/a。

20世纪70年代初，世界工业硅需求量的年增长率8%~10%，特别是用于有机硅方面的消费量增长更快，欧洲市场曾达到40%~45%。汽车等交通工具向转型化发展，提高了硅铝合金的用量，相应地增大了工业硅的需求。70年代末世界工业硅消费量达到40万吨/a，几乎翻了一番，产能约44万吨/a。

20世纪80年代初西方国家出现经济衰退，美国、挪威、日本等国相继转产或关停了一些工厂。日本20世纪70年代有五家工业硅企业，拥有产能6万吨/a，由于受能源价格上涨的影响，到1983年已全部关停。随着经济的复苏，到20世纪80年代末已有20多个国家生产工业硅，并且实现了小炉型向大炉型、开放式向半密闭式、手工操作向机械化操作发展的转变，建造了30000kV·A以上全自动、旋转电炉；巴西、冰岛、澳大利亚等水利资源和能源丰富的国家都有新工厂投产。世界产能达到70万吨/a以上。

国外工业硅生产主要集中在欧盟、美国、巴西、挪威、独联体等国家。2005~2010年，世界工业硅的产量总体上再增加，但作为工业硅生产比较集中的巴西、挪威产量却有不同程度的下降，其他国家也只是略有增加。

2011年以来光伏市场持续低迷，发展中国家经济面临过热发展问题，发达国家经济复苏缓慢，欧债危机尚未解除，全球经济总体增速放缓。截至2013年6月，2013年上半年全球工业硅产能494万吨，同比上升了3.1%，2013年上半年全球工业硅产量109万吨，同比增加6.8%。其中，西方市场相对稳定，工业硅产量基本没有发生太大变化。国外主要工业硅企业共有13家，其中最大的为西班牙大西洋铁合金集团，2013年上半年该集团产量（不含中国工厂）为10.1万吨，同比下降2.8%。美国环球冶金是国外第二大工业硅企业，尽管环球冶金在其2013年第二、第三季度均出现亏损，但公司工业硅总产量却上升至9.6万吨。巴西是除中国外工业硅产量最大的国家，大部分产品出口至欧洲及美国。2013年上半年，因美国工业硅价格持续低迷，巴西工业硅产量出现下降，但因变化较小，对市场整体影响极为有限，预计下半年产量将重新增长。俄罗斯、澳大利亚、伊朗等国，因本国产量基数较小，市场稳定，常年接近满产状态，产量变化非常有限。根据美国地质调查局发布的Minerals Commodity Summaries 2014（世界矿产资源综述2014）数据显示，2012年和2013年，国外硅年产量见表1.3。

表1.3 国外2012年、2013年硅产量 (kt)

国 家	美国	不丹	巴西	加拿大	法国	冰岛	印度
2012年	383	61	225	55	174	75	70
2013年	360	61	230	35	170	80	70
国家	挪威	俄罗斯	南非	乌克兰	委内瑞拉	其他国家	
2012年	339	733	132	78	53	349	
2013年	175	700	130	78	60	430	

1.2.2 国内工业硅生产概况

中国工业硅企业主要分布在水电丰富的西南地区，或能够获得低价电力资源的西北地区以及东北黑河、临江地区。尤其是在西南地区，因具备独特的地理优势以及廉价的水电资源，该地区工业硅产能和产量的市场份额较高。至2012年已建成的工业硅炉生产能力为360万吨/a；全球占比75.1%，年出口量超过了30万吨，已出口到50多个国家和地区。

我国1957年在抚顺铝厂建成第一座工业硅电炉。20世纪60年代在辽宁、上海和江苏等地有几家企业开始生产工业硅，70年代在西南、华北、西北等地又有一些企业投产，生产产品全部用于国内消费。80年代以来我国的工业硅生产发展与西方国家截然不同，据统计到1990年至今生产企业由20多家增加到300家左右，拥有电炉400多台，这些企业遍布全国各地，产能已超过产能最大的美国，但80%以上企业生产冶金级工业硅。

20世纪90年代中期，由于国际工业硅供求关系的变化，国内外工业硅价格曾一度上涨，这使我国工业硅又大步发展，新增工业硅企业具有硅铁、电石转产改造生产工业硅，利用分散或边远地区的剩余电力或季节性水电建厂等特色。但也造成建厂论证不充分、环保设施不全、能源资源浪费严重、建成后开工率低等弊端。

据中国有色金属工业协会硅业分会统计，我国工业硅产量已经从2006年的80万吨/a增加至2010年的115万吨/a，2012年由于工业硅价格下降，其产量下降至113万吨/a。

截止到2012年年底，我国已投产炉型中，6300kV·A及以下冶炼炉数量为80台左右，不足总量的20%，产能25万吨，占全国总产能的7%左右；12500kV·A（含）~25000kV·A（不含）冶炼炉接近300台，占总量的75%，是目前数量最多的炉型，产能约270万吨，占全国产能75%左右；25000kV·A及以上的大型冶炼炉数量为25台，占总量的6%，产能约50万吨，产能占全国的14%左右；其余型号冶炼炉如8000kV·A，10000kV·A等冶炼炉数量为25台左右，占总量的6%，产能约15万吨，占全国产能的4%。

我国工业硅行业的发展受到产业结构不合理、技术落后、电价高、自动化控制技术不成熟、低灰分煤等还原剂开发应用落后等因素的限制，其中电价的居高不下严重影响了我国产品与俄罗斯、挪威、巴西、冰岛等国产品的竞争。

我国的工业硅行业应总结经验与教训，提高产品质量指标；合理利用现有电炉装置并向自动化程度高的10000kV·A以上电炉发展；引进吸收国外先进冶炼和精炼技术；开发应用优质低灰分煤代替木炭等传统还原剂；提高扩大碳素电极生产使用；完善治理烟气和微硅粉利用技术。生产装置必须经过由小炉型向大炉型转变、由手工操作向自动化操作的转变，才能与国际接轨，才能适应市场的发展。

2 工业硅的用途

2.1 工业硅的资源

硅的地壳丰度为26.4%，仅次于氧，居第二位。自然界中无单质硅存在。地壳中矿物构成除碳酸盐、磷酸盐外，大部分是含有硅的岩石。自然界中硅的化合物几乎全部是以称为硅石的二氧化硅和由其衍生的硅酸盐存在。现在人们已经知道自然界有200多种二氧化硅的不同变体和数千种由二氧化硅同其他元素的氧化物化合形成的硅酸盐矿石。硅除普遍存在于矿物中外，许多植物体内也含有二氧化硅，禾本科植物秆的含硅量尤其高，在动物体的结缔组织里也有二氧化硅。

生产工业硅的原料是硅石和石英。石英是一种天然的纯氧化硅矿物，在地壳中常见的原生石英矿以矿层、矿巢、扁平矿体及其他结构形式存在，而且不同粒度的这种矿物晶体之间往往是互相胶结在一起的。石英的密度为2590～2650kg/m^3，硬度为7。在地壳内经过长期而复杂的变化过程，形成了几乎全是由石英聚积而成的岩石，这种岩石具有与石英砂原矿不同的稳定结构。由于地壳变化的作用，由某种胶结材料如黏土或其他含硅胶将石英颗粒胶结成一体而转变成砂岩，这种砂岩进一步变化，生成石英状砂岩，最后形成石英颗粒与胶结结构之间没有差别的硅石，逐渐变成致密、表面均质的大块。为获得好的技术经济指标，除要求用于工业硅冶炼的含氧化硅矿物纯度高外，还要求有高的机械强度、好的热稳定性和适宜的粒度组成。

巴西是世界上拥有硅石和石英资源最多的国家之一，也是最重要的石英和硅石开采国。美国和加拿大、苏联和中国的炼硅资源都很丰富。在中国的很多地区都发现了适合生产工业硅的硅石矿。

2.2 工业硅的用途

工业硅广泛用于配制合金、制取高纯半导体材料和有机硅以及其他用途。其消费结构如图2.1所示。

2.2.1 配制合金

硅主要用于配制铝硅合金、铜基合金和炼制硅钢。硅在配制铝硅合金中的用量占其总产量的50%。铝硅合金是铸造合金中品种最多、用量最大的合金，工

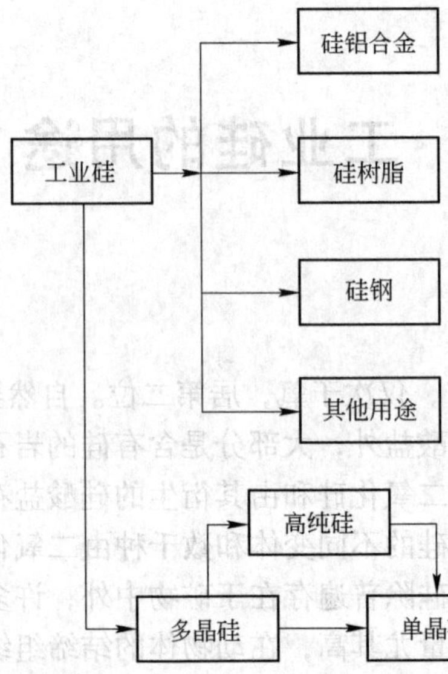

图 2.1 工业硅消费结构简图

业用铝硅合金的硅含量可达 25%。硅加入铝合金后可提高合金的强度，并使其抗氧化和耐腐蚀能力增加。此外，铝硅合金还具有密度低、热胀系数小、铸造性能好、铸件的抗冲击性高和在高压下致密性好等优良性能。铸造合金中的 ZLD102，因其铸造性能好、耐腐蚀而被广泛应用。硅的铜基合金如硅青铜，具有良好的焊接性能，用它制作的储罐，遇冲击时不易产生火花，是一种防爆装置。ZQSiD3 青铜在海水或石油中具有很好的耐腐蚀性能。钢中加入硅能使钢的磁导率增加，磁滞和涡流损失降低。含硅 5% 左右的硅钢片可用于制造变压器和电机的铁芯。

2.2.2 制取高纯半导体

在半导体材料中用量最多的是半导体硅和锗。硅的熔点高，热稳定性好，且禁带宽度大，资源丰富，是生产半导体硅的理想原料。随着工业发展和高纯硅制取技术的进步，20 世纪 60 年代中期以来，半导体硅的用量已超过锗。半导体硅主要用于制造集成电路、电子元器件和太阳能电池。

2.2.3 制作有机硅

有机硅包括硅油、硅树脂与硅橡胶等。硅油可用作航空发动机、小型电动机、玻璃吹制机等的润滑油，高级变压器油，或用作液压机的液体和消泡剂，也可用于配制各种优良的油漆等。硅树脂用于生产热绝缘漆与耐高温涂料。硅橡胶制品的最主要特点是在高温和低温时都能保持弹性、不变脆，也不易变形。

2.2.4 其他用途

氮化硅为白色的针状结晶粉末，是新型的耐热、耐磨、耐腐蚀材料。钢件表面渗硅可提高其耐腐蚀性能。将硅、二氧化硅与石灰石等混合，进行水热反应，可制成泡沫铝的发泡剂。用硅、锌和铜的再生物加工成一种混合物掺入到纺织品中，可纺织成不吸附尘土和脏物的衣料。

3 工业硅的生产原理

3.1 工业硅的生产方法

工业硅冶炼就是指通过一定的技术手段将硅元素从硅石或其氧化物中提取出来的过程。

工业硅的冶炼理论上有热分解法、电解法和电热还原法等三种方法。所谓热分解法就是将氧化物加热到较高温度，使其中的氧元素和有价元素分离的过程。对于硅石而言，由于硅与氧的亲和力很大，需将其加热至2000℃以上甚至更高才能分解，这在实际生产中很难实现，因此工业硅的生产不宜采用热分解。电解法是指利用电能使金属从含金属盐类的溶液中析出，该方法的关键是找到能将金属矿物溶解的溶液，对于硅石而言，目前世界上还未见电解法生产工业硅的报道。

目前，电热还原法是世界上生产工业硅最常见的方法。该方法主要就是利用还原剂、硅与氧的亲和力的差异，将与氧亲和力强的还原剂把与氧亲和力较弱的硅从矿石中还原出来。但由于硅与氧的亲和力较强，在常温下很难将其还原，一般需要加热到高温才发生反应，由于所需温度较高，常规加热很难达到，因而采用电极加热，所以又称为电热法。

采用电热法冶炼工业硅时，选择合适的还原剂是关键。由于工业硅生产所用的硅石含 SiO_2 为98%左右，因此 SiO_2 是硅石中的主要氧化物。SiO_2 与还原剂 A 的反应可表示如下：

$$Si(s) + O_2 \xlongequal{} SiO_2(s) \qquad \Delta_r G^{\ominus}_{m(1)} = RT\ln pO_2(SiO_2) \tag{3-1}$$

$$2xA(s) + yO_2 \xlongequal{} 2A_xO_y(s) \qquad \Delta_r G^{\ominus}_{m(2)} = RT\ln pO_2(A_xO_y) \tag{3-2}$$

又因上两个反应式同一体系中同时进行的，所以，在一定温度下要使硅石能被还原剂还原，必须使 $\Delta_r G^{\ominus}_{m(2)} > \Delta_r G^{\ominus}_{m(1)}$，即还原剂对氧元素的亲和力大于硅石对氧元素的亲和力。

由于工业上常用的还原剂还受到其来源和价格的影响，所以在理论上可以用作工业硅还原熔炼的仅有碳质还原剂、H_2、部分廉价金属等。

碳作还原剂：

$$SiO_2(l) + 2C(s) \xlongequal{} Si(l) + 2CO(g) \tag{3-3}$$

$$\begin{aligned}\Delta_r G^{\ominus}_m &= \Delta_f G^{\ominus}_m(CO,g) - \Delta_f G^{\ominus}_m(SiO_2,s)\\ &= 2(-114400 - 85.77T) - (-904760 + 173.38T)\\ &= 675960344.92T\end{aligned} \tag{3-4}$$

式中 $\Delta_f G_m^\ominus$——标准生成吉布斯自由能；

$\Delta_r G_m^\ominus$——标准反应吉布斯自由能。

当 $\Delta_r G_m^\ominus < 0$ 时反应的温度大于 1959.5K。

另外，在实际生产中，半导体硅本身其价值较低，不宜采用活泼金属对其大量生产，而碳质还原剂来源广泛，价值相对低廉。因此，工业硅的生产常采用碳质还原剂。

3.2 工业硅生产原理

3.2.1 反应的标准吉布斯自由能

利用电热还原法生产工业硅，通常需要在硅石的熔点以上的温度下进行。理论上工业硅的生产是将硅石和碳质还原剂按一定比例混合，硅石就会和还原剂以如下反应进行：

$$SiO_2(s) + 2C(s) \xlongequal{\quad} Si(l) + 2CO(g) \tag{3-5}$$

工业硅冶炼化学反应如图 3.1 所示。

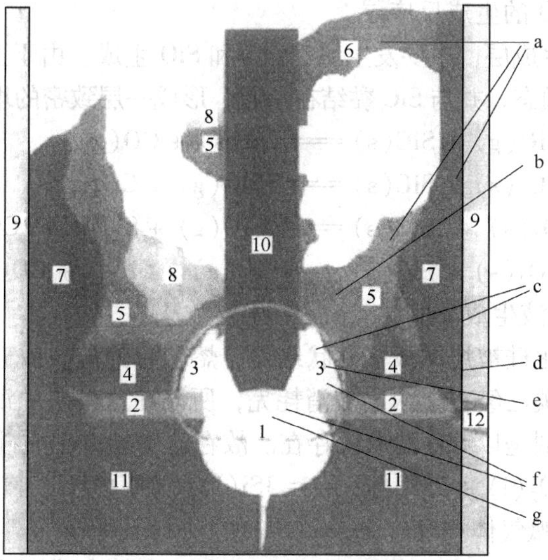

图 3.1 工业硅冶炼化学反应示意图

1—硅和碳化硅沉淀；2—浸于硅中的碳化硅结晶；3—电弧陷口（熔池）壁，碳化硅质；4—碳化硅、二氧化硅及硅的混合物；5—部分转化的还原剂；6—凝结一氧化硅的加料层底部；7—非活性料区；8—下沉的硅石；9—耐火筑炉层；10—电极；11—炉底内层；12—出炉口

a：$2SiO(g) = Si(l) + SiO_2(s)$ b：$SiO(g) + C(s) = SiC(s) + CO(g)$

c：$SiO(g) + SiC(s) = 2Si(s) + CO(g)$ d：$2SiO_2(s) + SiC(s) = 3SiO(g) + CO(g)$

e：$Si(g) = Si(l)$，$SiO(g) = SiO(s)$ f：$SiO_2(l) + Si(l) = 2SiO(g)$

g：$Si(l) = Si(s)$，$SiC(s) = SiC(g)$

但实际生产中由于 SiC 和 SiO 的产生使硅石的还原变得较为复杂。相关文献提出了多层反应的学说，即在矿热炉内不同温度区域，存在不同反应。从矿热炉顶层开始，随温度的升高，炉内需依次先后产生 SiC 和 SiO，当反应条件达到一定时才生成硅。即：

(1) 第一层预热层。

在预热层主要发生 SiO 的冷凝分解，硅石的预热：

$$SiO(g) + C(s) = Si(s) + CO(g) \tag{3-6}$$

$$SiO_2(s) + C(s) = SiO(g) + CO(g) \tag{3-7}$$

$$2SiO(g) = Si(l) + SiO_2(s) \tag{3-8}$$

(2) 第二层 SiC 生成层。

在 SiC 生成层主要是从下部上升的 SiO 及上一层未反应的硅石与碳反应生成 SiC：

$$SiO_2(s) + 3C(s) = SiC(s) + 2CO(g) \tag{3-9}$$

$$SiO(g) + C(s) = SiC(s) + CO(g) \tag{3-10}$$

$$2SiO_2(s) + 3C(s) = SiC(s) + SiO(g) + 3CO(g) \tag{3-11}$$

(3) 第三层 SiO 的生成反应层。

在 SiO 的反应生成层，主要发生 SiC 分解和 SiO 生成。由于上一层中未反应完的硅石已全部呈熔融态，并与 SiC 黏结在一起，形成一层致密的坩埚状壳体：

$$SiO(g) + SiC(s) = 2Si(s) + CO(g) \tag{3-12}$$

$$2SiO_2(s) + SiC(s) = 3SiO(g) + CO(g) \tag{3-13}$$

$$3SiO_2(s) + 2SiC(s) = 4SiO(g) + Si(s) + 2CO(g) \tag{3-14}$$

$$SiO_2(s) + SiC(s) = SiO(g) + Si(s) + CO(g) \tag{3-15}$$

(4) 第四层 Si 液生成反应层。

在这一层中碳化硅被烧结成多孔状结构，熔融状的硅石或硅液充满其中。在这一层中，因单质碳已经在上两层被消耗完，所以在这一层中没有以单质形态存在的还原剂，还原剂是以 SiC 的形式存在。故在这一层中单质硅生成的反应为：

$$SiO_2(l) + 2SiC(s) = 3Si(l) + 2CO(g) \tag{3-16}$$

(5) 第五层电弧气体空腔。

在这一层中温度较高，一般在 2000℃ 左右，内部充满了大量 SiO 和 CO 气体，这些气体会逐渐上升，直至从排气口排出。在上升过程中会将大量热量传给物料，为升高物料温度提供主要热源。另外在高温气体上升过程中，会有部分低温气体进入空腔，以弥补空腔内部气压损失，使空腔内的气压达到一个动态平衡，以保证工业硅生产的正常进行。

(6) 第六层金属硅液储存层。

这一层相对空腔而言由于远离了电极，故温度略有下降。另外由于这一层位于矿热炉底部，因此在前几层中反应生成的液态物质会由上而下滴落至炉底，并在炉底汇聚，这些液态物质主要是金属硅液。出硅口即在这一层。

为了更清楚地表达出每一料层的存在形态和反应机理，据热力学原理按照下式并结合相关热力学数据，将式（3－6）~式（3－16）式的各温度计算值列于表3.1中。

表3.1 工业硅生产过程中的热力学数据

反应区域	编号	反应方程式	$\Delta_r G_m^\ominus$ /J·mol^{-1}	平衡时的温度 T/K
上部	(3－6)	$SiO(g)+C(s)═Si(s)+CO(g)$	－10200－3.3T	3128.8
	(3－7)	$SiO_2(s)+C(s)═SiO(g)+CO(g)$	688500－344.0T	2001.4
	(3－8)	$2SiO(g)═Si(l)+SiO_2(s)$	－698700＋340.75T	2050.5
中部	(3－9)	$SiO_2(s)+3C(s)═SiC(s)+2CO(g)$	605250－339.6T	1782.2
	(3－10)	$SiO(g)+2C(s)═SiC(s)+CO(g)$	－83250＋4.4T	18920.5
	(3－11)	$2SiO_2(s)+4C(s)═SiC(s)+SiO(g)+3CO(g)$	1293750－683.6T	1892.5
	(3－12)	$SiO(g)+SiC(s)═2Si(s)+CO(g)$	62850－10.9T	5755.5
	(3－13)	$2SiO_2(s)+SiC(s)═3SiO(g)+CO(g)$	1460250－692.4T	2108.9
	(3－14)	$3SiO_2(s)+2SiC(s)═4SiO(g)+Si(s)+2CO(g)$	2221800－1044.1T	2127.9
	(3－15)	$SiO_2(s)+SiC(s)═SiO(g)+Si(s)+CO(g)$	761550－351.7T	2165.5
下部	(3－16)	$SiO_2(l)+2SiC(s)═3Si(l)+2CO(g)$	824400－362.6T	2273.6

$$\Delta_r G_m^\ominus = \sum_B v_B \Delta_f G_m^\ominus \quad (3-17)$$

式中 $\Delta_r G_m^\ominus$——标准生成吉布斯自由能；

$\sum_B v_B$——反应方程式中的系数代数和；

$\Delta_f G_m^\ominus$——标准反应吉布斯自由能。

从表中吉布斯自由能的计算可以看出，硅的生成反应主要来自于式（3－6）、式（3－12）、式（3－14）~式（3－16）等反应。但从平衡的温度看，式（3－6）和式（3－12）的反应开始的理论温度较高，分别是3000K以上和5000K以上，在实际生产中不可能达到如此高的温度。因此主要的硅生产的反应还是式（3－15）和式（3－16）两式。而对于工业硅的理论反应式 $SiO_2(l)+2C(s)═Si(l)+2CO(g)$ 的开始反应温度为1900K以上，在1782K时还原剂中的碳发生式（3－9）反应转化为碳化硅，所以，在矿热炉中该反应实际上发生得很少，主要是以式（3－16）反应进行生产工业硅。

在工业硅生产过程中，主要的反应是集中在熔池底部的料层中完成的。因此料层内部各区域的温度保持恒定是SiC的生成、分解和SiO的凝结的前提。以防碳化硅还未反应就被沉入炉底。而SiO的凝结反应跟工业硅的产率有直接关系，凝结效果差，会造成硅损，影响产率。

从以上工业硅熔炼体系的反应可知，在工业硅的生产温度区，碳质还原剂中的游离的碳不稳定，会与 SiO 或 Si 反应全部转化为 SiC。在该区域，还原剂以 SiC 的形式与硅石反应生产硅。另外，在 SiO 的生成区温度最高。要注意保持还原剂中的碳平衡，若碳过量，则会生产碳化硅沉积于炉底，若碳不足，在该区域中剩下的二氧化硅将来不及反应就被蒸发掉，造成硅的损失。

国内有学者将工业硅冶炼的矿热炉内部分为内区和外区。内区即工业硅冶炼的主反应区，即反应式（3－13）~式（3－16），二氧化硅与碳化硅的氧化还原反应。外区即为预反应区。这种假设对工业硅冶炼的物料平衡中还原剂的计算很有利。

若在电炉内反应区的物相 SiO_2、SiC、SiO、CO 和 Si 在一个大气压下达到平衡，内反应区的化学反应如下：

$$4SiO_2 + 2SiC \xlongequal{} 6SiO + 2CO \quad (3-18)$$

假定在外反应区也达到平衡，则外反应区化学反应如下：

$$2SiO_2 + 6C \xlongequal{} 2SiC + 4CO \quad (3-19)$$

根据该假设条件得出内、外反应区配炭与硅回收率的平衡计算结果，如图 3.2 所示。即在内反应需 4 单位 SiO_2 和 2 单位 SiC，在外反应区 $2SiO_2$ 和 6C 反应生成 2 单位 SiC，为将其消耗在内反应区，需要 4 单位 SiO_2 通过外反应区进入内反应区，内反应区产生的气体经过外反应区，若不能同 C 反应，则通过外反应区逸出，生产过程表明：在内、外反应区各物相在一个大气压下达到平衡，当碳率为 50% 时，硅的回收率为 0% 。

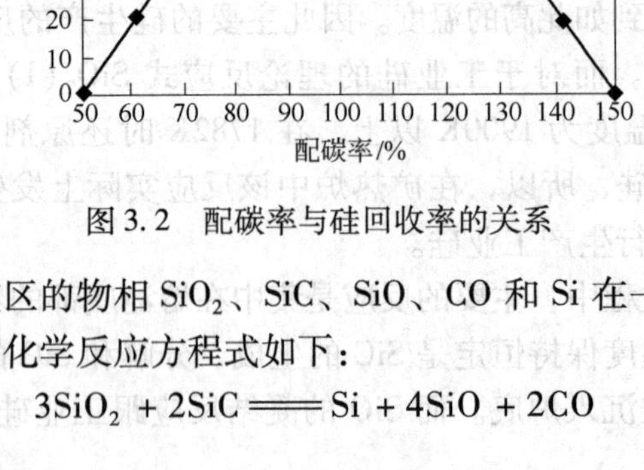

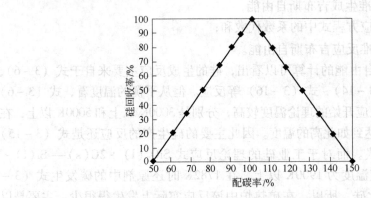

图 3.2 配碳率与硅回收率的关系

若在电炉内反应区的物相 SiO_2、SiC、SiO、CO 和 Si 在一个大气压下达到平衡，内反应区表述的化学反应方程式如下：

$$3SiO_2 + 2SiC \xlongequal{} Si + 4SiO + 2CO \quad (3-20)$$

假定在外反应区也达到平衡，则外反应区反应为化学反应方程式（3－19）。即在内反应区需要3单位SiO_2和2单位SiC，在外反应区$2SiO_2$和6C反应生成2单位SiC，为将其消耗在内反应区需要3单位SiO_2通过外反应区进入内反应区，内反应区产生的气体经过外反应区，如果不能同C反应，则通过外反应区逸出，生产过程表明从5单位SiO中得到1单位Si，即配碳率为60%，则硅的回收率为20%。

若在电炉内反应区产生的SiO与外反应区的C反应将会提高Si的回收率，为了使SiO和C不直接反应将SiO直接加入内反应区，而内反应区产生的SiO在炉料的上层与C反应而得以回收。外反应区的化学反应方程式为：

$$2SiO + 4C = 2SiC + 2CO \qquad (3-21)$$

在外反应区2单位SiO和4单位C反应生成2单位SiC。为将在外反应区生成的2单位SiC消耗在内反应区，需要3单位SiO_2，内反应区产生的气体经过外反应区，2单位SiO与4单位C反应，其余气体则通过外反应区逸出，生产过程表明从3单位SiO_2中得到1单位Si，即配碳率为66.7%。则硅的回收率为33%。

若要进一步提高硅的回收率，则需要提高配碳率，按照以上分析方法则可以得到：配碳率为75%，则硅的回收率为50%；配碳率为83.3%，则硅的回收率为67%；配碳率为90%，则硅的回收率为80%；配碳率为94.4%，则硅的回收率为89%；配碳率为100%，则硅的回收率为100%。

3.2.2 平衡常数

平衡常数是指某一化学反应达到相对平衡时体系中各物质之间的数量关系，它可以衡量出化学反应进行的程度，在给定条件下若生成物的量越多则平衡常数的值越大。因此可以根据平衡常数这一性质通过一定技术手段来提高产量。平衡常数常用K表示，其大小可以通过试验测出。

（1）若只考虑SiO_2的还原。

目前，工业硅生产中主要选用的还原剂是碳质还原剂，其反应式如下：

$$SiO_2 + 2C = Si + 2CO \qquad (3-22)$$

上式的平衡常数为：

$$K = \frac{[Si]P_{CO}^2}{[C]^2[SiO_2]}$$

当SiO_2、C和Si为纯物质时：[SiO_2]、[C]和[Si]皆为1，即式（3－22）可表示为：

$$K = P_{CO}^2 \qquad (3-23)$$

由平衡常数的性质可知，在一定条件下K越大，表明生成物越多，即产物硅和CO气体越多，为使反应不断进行，需使CO气体尽量排出反应区。因此保持炉料的透气性是提高生产率的关键。此外还可以通过添加反应物的方式提高硅的回收率。

（2）若考虑 SiO_2 和炉料中的杂质的还原。

在工业硅的实际生产中，熔体中不仅只是一种氧化物 SiO_2，还含有以氧化态形式存在的铁、铝和钙等一系列杂质元素。因此，当加入碳质还原剂时，在高温状态下还发生如下反应：

$$CaO + C \xlongequal{} Ca + CO \tag{3-24}$$

$$Fe_2O_3 + 3C \xlongequal{} 2Fe + 3CO \tag{3-25}$$

$$Al_2O_3 + 3C \xlongequal{} 2Al + 3CO \tag{3-26}$$

以上三式的平衡常数可表示为：

$$K_{Ca} = \frac{[Ca]^2 \cdot P_{CO}}{[CaO]} \tag{3-27}$$

$$K_{Fe} = \frac{[Fe]^2 \cdot P_{CO}^3}{[Fe_2O_3]} \tag{3-28}$$

$$K_{Al} = \frac{[Al]^2 \cdot P_{CO}^3}{[Al_2O_3]} \tag{3-29}$$

由以上式子可计算出 P_{CO} 如下：

$$P_{CO_{(Ca)}} = \frac{[CaO] \cdot K_{Ca}}{[Ca]} \tag{3-30}$$

$$P_{CO_{(Fe)}} = \frac{[Fe]^{\frac{2}{3}} \cdot K_{Fe}^{\frac{1}{3}}}{[Fe_2O_3]^{\frac{1}{3}}} \tag{3-31}$$

$$P_{CO_{(Al)}} = \frac{[Al]^{\frac{2}{3}} \cdot K_{Al}^{\frac{1}{3}}}{[Al_2O_3]^{\frac{1}{3}}} \tag{3-32}$$

由于上述物质的氧化还原均在同一个体系，故体系中 P_{CO} 为常数。所以对于一个给定的体系，其中的各物质的量是恒定的。即在工业硅冶炼矿热炉内，还原剂同时还原多种氧化物时，各氧化物被还原数量的比例是一定的。炉料中杂质铁、铝和钙的氧化物在冶炼过程中均被还原。由于炉料中的主要杂质以氧化铁的稳定性最好，氧化铝次之，氧化钙最不稳定，因此，碳质还原剂对炉料各物质的还原是有选择性的。当体系内碳质还原剂过量时，体系内的主要氧化物均被还原。另外，由于氧化物的稳定性跟温度有关，温度越高氧化物稳定性越差，也越容易被还原，且不同氧化物之间被还原的数量差别越小。因此，在工业硅冶炼过程中要注意控制矿石中各氧化物的含量、碳质还原剂的数量及冶炼温度和操作技术，以便将硅石中的硅单质尽可能从矿石中还原出来，同时将杂质元素尽可能留在渣中。

4 工业硅的生产原料及配料计算

工业硅生产中所用的主要原料有硅石、还原剂和电极三种。原料入炉前需进行预处理，以便控制好炉料中的杂质。因为炉料中的微量杂质不仅对冶炼有一定的影响，还会给工业硅本身的质量以及后续的深加工带来深远的影响。在工业硅的主要杂质中，铝和钙的氧化物可以通过后续氧化精炼或氯化精炼的方式除去，但铁的氧化物不易除去，因此在炉料预处理过程中要特别注意减少杂质铁的带入。

4.1 工业硅的生产原料

工业硅生产中优质的原料质量是保证产品质量的前提。实际生产中不同原料的生产指标相差很大，产量可相差15% ~20%，电耗相差达1000 ~1500kW · h/t。硅石的差异不仅表现在化学成分上，还表现在物理性能上。硅石中杂质应尽可能少，还要具有一定的抗爆性能，粒度根据炉子容量而定，一般炉容小于5MV · A的矿热炉粒度应为25 ~80mm，炉容大于5MV · A 的矿热炉物料粒度应为50 ~100mm 为宜。硅石在进厂后应进行破碎、筛分、水洗等除杂工艺，以除去其中的碎石、细粉和泥土等杂质。还原剂一般要求粒度为1 ~100mm，还要有良好反应活性。在入炉前也需要除杂处理，除杂方式与硅石除杂类似。电极质量的好坏对生产的影响主要表现在：好的电极石墨化程度高、电阻小、导电性好、强度高，外观整洁，尺寸一致，生产过程中消耗小，故障少，与之配套的铜瓦寿命也可延长。差的电极电阻高，直径不均，表面有麻点，凹坑，接头齿纹强度差，生产过程中电极易发红、氧化、脱皮、变细，电极消耗高；表面质量差的电极与铜瓦接触不好易发生打弧；接头不好经常发生断电极现象。因此，电极质量差，不仅自身消耗高，而且频繁的故障还会造成热停炉，铜瓦受损。

4.1.1 硅石

由于元素硅在地壳中的含量仅次于氧排列第二，因此硅石资源丰富。但硅在自然界中不以游离态存在，多以氧化物形态存在，其主要常见的硅矿石就是以二氧化硅形态存在的如石英砂岩、石英岩、脉石英、交代硅质角岩和石英砂等。

二氧化硅根据其晶型的不同可分为无定型和结晶型。前者呈沉积态如由水化物硅藻类沉积而成的硅藻土和滴虫土，在自然界中较少，可由煅烧硅酸制取流动性好的白色粉末无定型二氧化硅。

结晶型二氧化硅又可分为显晶型（如石英、石英砂、水晶、河印石等）和隐晶型（如玉髓、蛋白石、玛瑙、燧石等）两种，为块状和粒状结合体，三方晶系，六方柱晶型，晶面呈玻璃光泽。在其内部每个硅原子位于四面体中心，氧原子排列在四面体的每个角上。每个氧原子与两个硅原子相连接，其通式为$(SiO_2)n$。其中硅与氧结合得很牢固，因此硅石一般具有很高的硬度和很好的稳定性。硅石的颜色取决于杂质含量的多少，常见硅石的颜色有无色、灰褐色、黑色、紫色、绿色、粉红色等几种。无定型二氧化硅和隐晶型二氧化硅因含杂质较多，且活性差，因此不便于生产。硅石的物理化学性质见表4.1。

表4.1 硅石理化性质表

物化性质名称	单　位	大　小
熔点	K	2000
沸点	K	3048
熔化热	kJ/mol	8.54
蒸发热	kJ/mol	697.8
升华热	kJ/mol	562.3
导热系数（1273K）	W/(m·K)	2.01
比热（298K）	kJ/(kg·K)	0.931
动力黏度（2273K）	kPa·s	39.9
莫氏硬度	—	7
显微硬度	MPa	11130.95
比电阻（1973K）	Ω·m	90
密度	g/cm^3	2.59~2.65

为降低工业硅的精炼成本，提高工业硅产品质量。必须在源头严格控制工业硅生产原料的质量。因此对工业硅生产使用的硅石要求如下：

（1）SiO_2含量（质量分数）不小于97%；

（2）所含杂质如铁、铝和钙的氧化物的数量应降到最低；

（3）五氧化二磷、二氧化钛等的含量（质量分数）不大于0.02%；

（4）粒度应为25~150mm，且不带有泥土等杂质；

（5）具有良好的抗爆强度，高温不易粉化。

硅石的质量要求见表4.2。

表 4.2　工业硅生产用硅石质量

品　级	化学成分（质量分数）/%				
	$w(SiO_2)$	$w(Al_2O_3)$	$w(Fe_2O_3)$	$w(CaO)$	$w(P_2O_5)$
特级品	≥99	≤0.15	≤0.10	≤0.12	≤0.01
一级品	≥98	≤0.30	≤0.15	≤0.30	≤0.02
二级品	≥98	≤0.50	≤0.20	≤0.50	≤0.03

因炉料中杂质不仅对炉况有较大影响，还对产品有影响。因此在上料前需将硅石彻底洗净、晾干。对于不便开采的时节，为了不影响生产量可以考虑储存矿石。

4.1.2　还原剂

在工业硅生产中理论上可用的碳质还原剂有木炭、石油焦、半焦（低温焦）、部分农产品加上废弃物（如木块、玉米芯、甘蔗渣、椰子壳和松塔）、沥青焦、低灰分褐煤和烟煤等。

实际生产中在选择工业硅还原剂时，不仅要考虑其中的物理化学性质，还要考虑还原剂的来源是否广泛及价格是否便宜，能否会对炉况和产品带来影响。目前工业硅主要用的还原剂是木炭。木炭是在隔绝空气或有限制地通入空气条件下加热木材使其分解后所得到的固体产物。据热解时加热方式的不同，木炭可分为窑烧木炭和干馏炉木炭。窑烧木炭是在炭窑中装入一定尺寸的木材，上面加上泥土等覆盖物，然后将木材点燃依靠部分燃烧木材的热量使绝大部分木材受热炭化变为木炭。该法现在在国内已基本被淘汰。干馏木炭是将一定尺寸的木材放入干馏釜中，在隔绝空气条件下加热，在400℃左右分解后制得。在木树热分解过程中，同时得到固态、液态和气态产物。液态和气态产物以蒸气和气体混合物的形态放出，固态产物残留在釜中，即为木炭。一般情况下，加入干馏釜中5t木材才能制得1t木炭。木炭具有很高的比电阻和反应能力，而且杂质含量少是熔炼工业硅的较为理想的还原剂。

但随着人类环保意识的不断提高，对森林的砍伐越来越受到限制。因此，这必将导致木炭的价格越来越高。致使工业硅的生产成本增加，给工业硅的生产行业带来很大的困难。所以，研发一种新型还原剂替代木炭也成为工业硅生产行业急需解决的一个问题。从20世纪60年代开始，各国专家学者就不断对工业硅木质还原剂的替代进行大量的试验研究，多年来取得了很大的进展，为后面的研究提供了大量的实践经验和理论依据。

一般在工业硅还原剂选择中可以从还原剂的化学成分、电阻率、反应活性、粒度组成和机械强度等几方面考虑。

4.1.2.1 化学成分

对工业硅还原剂而言，通常所说的化学成分指还原剂固定碳、灰分、挥发分和水分的含量等几种。

A 固定碳含量

即要求还原剂所含的固定碳要高，固定碳越高，生产同样数量的工业硅所用的还原剂就越少，由还原剂所带入的杂质就越少；但也不能太高，含碳量太高会影响其化学活性。

B 灰分含量

灰分就是还原剂中的杂质，这些杂质主要为金属氧化物，主要有 Al_2O_3、CaO 和 Fe_2O_3 等，由于这些杂质会被还原剂还原进入产品，影响产品质量。另外，灰分多会增加炉内渣量，使炉渣变黏，难以排除，恶化炉况。所以要求还原剂灰分要低，一般要求还原剂灰分在3%以下。

C 挥发分

碳质还原剂中的挥发分是指其内部以碳氢化合物的形式存在的那部分。还原剂挥发分越高机械强度就越低，但比电阻会增加，因此要求碳质还原剂的挥发分在20%～30%为宜。

D 水分

还原剂中的水分主要取决于其自身的种类、结构、运输条件和储藏条件等。碳质还原剂内部水分含量的波动会影响炉况，因此要求还原剂水分应在6%以下为宜。

4.1.2.2 电阻率

在冶炼过程中，炉内保持有足够大的高温区是炉况顺利运行和取得良好技术经济指标的重要条件。实践证明，炉内高温区熔池反应区的大小，在很大程度上与电极插入深度有关。而还原剂的电阻率是影响电极深插的一个重要原因。电阻率大，电极插得深而稳，同时坩埚区被扩大，热损失降低。所以，为提高电炉生产能力和电耗降低，碳质还原剂的电阻率应越大越好。材料的电阻率影响因素有自身粒度、类型、结构等。在常见碳质还原剂中，烟煤和木炭电阻率好，达到几千 μΩ·m。石油焦最差只几十到几百 μΩ·m。

4.1.2.3 反应活性

碳质还原剂的反应活性就是还原剂的反应能力，通常用还原剂再生一氧化碳的能力来表达（$C + CO_2 = 2CO$），即所生成的一氧化碳气体占总气体的比例。还原剂反应活性越强生产率就越大。碳质还原剂的电阻率影响因素有组成材料、温度和气孔率大小及碳化程度。气孔率大碳化程度低、高温下不易石墨化的还原剂具有较强的反应能力。木炭、烟煤、半焦的电阻率大，石油焦电阻率较差。

4.1.2.4 粒度组成

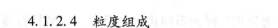

炉料的透气性和电阻率受碳质还原剂的粒度影响较大。粒度大的碳质还原剂虽然透气性较好，但其比表面积小，使其电阻率小反应能力差，炉料导电性好，电极下插困难，电炉损耗增加。粒度小的碳质还原剂，比表面积大，电阻率大，反应能力强，加入炉内有利于电极深插，促进反应进行，能耗降低。但是粒度太低，炉料透气性变差，炉况恶化，且碳损耗严重，使炉料呈现含碳量不足的局面，影响冶炼过程的进行。一般据不同炉型要求不同粒度，小容量矿热炉可使用3~10mm的还原剂，容量大的可使用5~20mm粒度的还原剂。在实际生产中要注意兼顾炉料电阻率大小、化学反应性和炉料透气性。

4.1.2.5 机械强度

还原剂的机械强度低不利于运输和储存。机械强度小会使破损大，生产成本增加，而且入炉后继续破裂，会影响透气性，由于工业硅生产温度高达2000K左右，机械强度低的还原剂会造成塌料，影响炉况运行。根据工业硅生产对还原剂的要求，低灰分煤、半焦等碳质还原剂具有良好的物理化学性能，但它们的机械强度差，石油焦、低灰分煤很少单独使用，常配木块、玉米芯、甘蔗、椰子壳、松塔等增加炉料的透气性。

在工业硅生产常用的碳质还原剂中木炭由于灰分低，化学反应性好，比电阻大。因此是一种优质还原剂。木炭一般含灰分3%以内，水分13%、挥发分18%、固定碳68%左右。而玉米芯、木块和椰壳等农副产品虽然固定碳低，灰分大，能改善炉料透气性，能有效防止炉面烧结，使电极能深插入炉料中。因此，随着木炭使用受到限制，可以将玉米芯、木块和椰壳等农副产品用作木炭的替代品进行工业硅冶炼。

低灰分（灰分低于3%）烟煤因具有高比电阻和良好反应性，高温不易石墨化，能减少料面烧结，使电极深插，可以用作工业硅冶炼的还原剂。国内外自20世纪60年代以来就进行了大量的烟煤冶炼工业硅的试验研究。国外一些工业硅生产厂家常用木块搭配低灰分烟煤替代木炭生产工业硅，在生产中要求煤灰分小于3%、固定碳大于60%、挥发分小于35%。对于灰分如此低的烟煤，在国内很难找到，只有经过浮选和化学方法进行脱灰处理的洗精煤才能达到。而在国外，由于煤质好，某些烟煤生产厂家可以直接提供。

石油焦是迟延焦化装置的原料，在高温下裂解生产轻质油产品时的副产物。石油焦的特点和质量与焦化过程及原料来源密切相关。按物理结构，可将石油焦分为海绵焦、针状焦、弹丸焦、灵活焦和流体焦等几种。石油焦一般呈黑色或暗灰色，并带有金属光泽，孔隙率和化学反应性较大。其含固定碳高达90%以上，灰分低至1%左右，挥发分也较适中，是替代木炭生产工业硅较好的碳质还原剂之一。国内有人曾做过石油焦代替木炭生产工业硅，结果显示炉况良好，产品质量也较好。但一般需要搭配烟煤一起使用，因为石油焦比电阻低，高温易石墨化。可用于工业硅生产的石油焦指标如表4.3所示。

表4.3 工业硅生产中石油焦指标

名 称	指 标				
	一级品	1号		2号	
		A	B	A	B
灰分/%	0.3	0.3	0.5	0.5	0.5
挥发分/%	12	10	12	12	15
水分/%	3	—	—	—	—
硫含量（质量分数）/%	0.5	0.5	0.8	1.0	1.5
硅含量（质量分数）/%	0.008	—	—	—	—
钒含量（质量分数）/%	0.015	—	—	—	—
铁含量（质量分数）/%	0.008	—	—	—	—

工业硅冶炼时采用石油焦、木炭、低灰分烟煤三者搭配使用较为常见。此外，还采用木块、玉米芯和低灰分烟煤等搭配使用，也取得了较好的效果。常用碳质还原剂性能要求见表4.4。

表4.4 工业硅常见碳质还原剂各指标

指 标	还原剂			
	木炭	石油焦	烟煤	木块、玉米芯
固定碳/%	60～80	>85	>65	30～70
灰分/%	<2	<1	<3	<3
挥发分/%	20～30	15～20	<30	25～45
比电阻/μΩ·m	>2000	<500	>5000	—
粒度/mm	10×10×50	0～13	5～20	20×20×50

4.1.3 电极

电极是矿热炉最核心的部分之一，因为电极是电能与炉料之间的桥梁，电能经过电极进入熔融区。由于工业硅冶炼时温度较高，为保证电炉内的电流强度，电极除应具有高的导电率外，还应具有较好的机械强度、较大的气孔率和抗氧化性能。

目前常用的电极有石墨电极、炭素电极和自焙电极三种。其中石墨电极在工业硅生产中使用较早，它是以石油焦和沥青焦为原料先制成炭素电极，之后再在石墨化电阻中升温至2273～2773K使其石墨化形成石墨电极。该电极导电性、导热性、化学稳定性和机械强度显著提高，硬脆性降低，便于加工使用，且强度大、灰分低、所含杂质少。但因其生产规格和生产成本的限制，石墨电极的价格为10000～20000元/t，而炭素电极价格在5000～13000元/t。因此导致石墨电极使用受限制。炭素电极是将具有一定粒度组成的低灰分无烟煤、石墨碎粒、石油焦、冶金焦和沥青焦等原料按一定比例混合，并加入焦油和黏结剂沥青，在一定温度下混匀、压制成型，后经焙烧炉缓慢焙烧制得。炭素电极比较适合于8MV·A以上矿热炉。与石墨电极相比具有直径大，电弧带宽，弧线稳定，熔炼效率高，电耗与生产成本低等优点。吨硅电极消耗可至60kg，使冶炼成本降低300～600元。因此，炭素电极被广泛用于电炉熔炼。国际上炭素电极质量的检验标准是美国优卡公司的企业标准。自焙电极是以无烟煤、沥青、焦油和冶金焦为原料，在一定温度下制成电极糊，然后把电极糊装入已安装在电炉上的电机壳中，经二次软化焙烧制成。与另外两种电极相比，自焙电极具有连续使用性强、工艺简单、成本低等特点。但因其自身金属壳会增加产品铁含量，故自焙电极在工业硅生产上使用很少。

4.1.3.1　电极材料的要求

工业硅生产中对电极材料有以下要求：

（1）较低的比电阻。比电阻低的电极导电性好，电能损失少，短网压降减少，有效电压提高，从而使熔池功率提高。

（2）熔点高。熔点高的电极，在生产中不易变形。

（3）热膨胀系数小。热膨胀系数越小，在生产中就不易变形、损坏。

（4）机械强度好。主要是要在高温下有较好的机械强度，以便使电极在生产过程中不会损坏。

（5）杂质要尽量少。电极中的杂质对产品的影响很大，因此杂质含量应尽量减少。

（6）生产材料来源广。生产方便，价格便宜，以降低生产成本。

4.1.3.2　电极的主要性能指标

电极是工业硅生产矿热炉设计的核心部分之一，其主要作用就是为矿热炉提供足够的加热物料。因此，工业硅产品的质量和生产技术指标受电极理化性能的影响较大。表4.5列举出了工业硅生产中炭素电极和石墨电极的主要性能指标。

表4.5　不同种类的电极的主要性能指标

名　称	电极种类		
	石墨电极	炭素电极	自焙电极
体积密度/$g \cdot cm^{-3}$	1.5～1.85	1.52～1.62	1.58
电阻率/$\mu\Omega \cdot m$	10～15	32～50	55～100
抗压强度/MPa	19～36	≤24	15～20

续表4.5

名称	电极种类		
	石墨电极	炭素电极	自焙电极
抗折强度/MPa	14.7~27	≤6.0	3.0~5.0
使用电流密度/$A \cdot cm^{-2}$	14~20	5~7	3~7
灰分含量/%	0.3~0.5	1.0~3.8	≤5

4.2 原料加工

原料在入炉前需进行预处理，以减少炉料内部杂质，降低产品杂质含量，降低精炼成本。工业硅生产是无渣冶炼，因此原料品质的优劣不但直接影响产品质量，同时影响冶炼操作和炉况，影响电炉产量和能耗等技术经济指标。

工业硅产品对原料的要求十分严格。为此要求原料的化学成分和物理性质必须符合产品和冶炼工艺条件，达到下述基本要求：（1）炉料的主要化学成分须满足产品化学成分和冶炼工艺要求。（2）炉料须有良好的化学活性以便快速冶炼。（3）炉料须有较高的比电阻以保证电极深插。（4）炉料要有合理的粒度和良好的热稳定性，使其具有均匀的透气性和良好的热交换性。

工业硅冶炼的主要炉料是硅石、碳质还原剂。实践表明，精料入炉是工业硅生产的基础。硅石是冶炼工业硅的最主要炉料，精选硅石尤为重要。

4.2.1 硅石的脱杂

对用于冶金或机械工业的工业硅产品，冶炼所用的硅石要求：SiO_2 不小于99.0%、Fe_2O_3 不大于0.20%、Al_2O_3 不大于0.30%、CaO 不大于0.20%。在冶炼过程中，还要求硅石清洁，无泥沙等杂物。硅石中的杂质一是硅石本身带入，二是表面泥沙混杂带入。杂质的主要成分是 Fe_2O_3、Al_2O_3、CaO。假如硅的回收率为88%，其他条件不变时，可以计算出硅石中硅含量每降低1%，生产1t工业硅硅石消耗就要增加25kg，导致渣量增加，杂质消耗的热量增加。杂质多、熔渣多，造成产量降低，电耗升高。

硅石带入的杂质在矿热炉里会有一定数量被还原进入硅熔液，杂质含量越高、还原数量越高，因此一方面还原这些难还原的氧化物要消耗电能，同时还增加工业硅中的杂质数量，使工业硅纯度下降。其中大部分未被还原的杂质则形成熔渣，熔渣不但消耗热量，增加电耗，而且使用含 Fe_2O_3、Al_2O_3、CaO 高的硅石生产时，炉口料面明显发黏，类似配料亏碳现象，容易造成生产中的误判断和误操作。使用杂质含量高的硅石会使炉口透气不好，料面温度升高发红，热量损失大，炉料电阻下降，电极不易深插，进而使炉底温度受影响，熔渣黏稠不易排出，严重时造成坩埚缩小，炉底上涨，炉况恶化，从而使产品品质降低，产量下降，电耗升高。

硅石精选和水洗是减少硅石带入杂质节能降耗的重要措施之一。工业硅生产企业使用的硅石在入炉前都进行严格的把关和水洗，清除各种杂质和黏着物。化学成分相似的硅石，由于产地不同，其物理、化学特性会有较大差别，因而对炉况的影响也会有较大差异，这一点必须引起足够重视。从物化特性上要求硅石须有足够的热稳定性和良好的抗爆性。加入电炉的硅石，如果受热很快碎裂或表面迅速剥落，则会导致电炉透气性变坏，电炉上部炉料黏结，不利于冶炼过程正常进行。一般来讲，结晶水含量较高的硅石，受热后会因结晶水分解逸出，致使剧烈膨胀而破裂，因而热稳定性差。工业硅用硅石要求结晶水含量不超过0.5%，剧烈膨胀的开始温度不低于1150℃。

另外，在要求硅石质量的同时，还要求其有合适的粒度。粒度过大，渣量增多，能耗增加；粒度过小，则透气性差，反应进行减缓，同样增大能耗。硅石在合适粒度的前提下，需要有高的机械强度和足够的热稳定性。机械强度弱的硅石在输送过程中，易粉碎，导致粒度变小；热稳定性差的硅石在高温环境中，可能爆裂，也使硅石粒度过小。通常对硅石的粒度要求为：小于20mm 的占比小于5%，20～80mm 的占比大于90%，大于80mm 的占比小于5%。某工厂在2000kV·A 电炉熔炼工业硅时，采用了60～80mm 粒度的硅石电耗达到14000kW·h，后将粒度改为8～80mm，电耗降到13000kW·h 以下。硅石适宜粒度受硅石种类、电炉容量、操作状况以及还原剂的种类等多种因素的影响，这要靠长期生产经验决定。

4.2.2 还原剂加工

为减少工业硅中的杂质，工业硅还原剂在冶炼之前，也需要进行预处理，以便除去其中的杂质以及作整粒处理。如采用木炭进行冶炼，则木炭中杂质如树皮、泥土等可先用手工拣净，一般要求木炭固定碳应大于78%，粒度大于3mm和小于80mm。若还原剂中有石油焦，则石油焦应为固定碳大于82%、灰分小于5%、水分小于1%。或对准备使用的石油焦，测定其含水量，在配料时扣除其含水量以防影响还原剂的入炉配用量。对于电炉容量不超过5MV·A 的电炉，宜选用粒度2～10mm 的石油焦，且3～6mm 粒度的石油焦应占70%左右；对于电炉容量在5～16.5MV·A 的电炉，宜选用3～13mm 的石油焦，且4～8mm 粒度的石油焦应占70%左右。粒度的配合应适度，其粒度小，则烧损较大，料面过早烧结成块，影响炉料的透气性，炉膛下部易缺碳，增加电极消耗；如粒度偏大，大粒度石油焦所占比例又高时，使炉料比电阻降低，电极电流波动大，迫使电极上抬，炉底易生成碳化硅，使炉底升高，造成出炉困难。若使用的还原剂有木块，则要求木块清洁无杂物（树皮要去掉）、不能将泥土等杂质带入炉内。木块的尺寸以10mm×50mm×40mm左右的块度为宜。用量按每10kg硅石配用20～25kg木块，或少一些。若使用烟煤作还原剂，则选择煤（褐煤、烟煤）时要求灰分小于4%，其煤的粒度小于25mm。

国外很多厂家生产工业硅已不用木炭，我国也以石油焦、烟煤和木块、玉米芯等代替木炭，或将石油焦、烟煤和木炭等几种还原剂相互搭配使用，其各自的长处在工业硅冶炼中得以互补，提高冶炼效果。如使用石油焦60%～80%、木炭（可搭配木块）20%或石油焦60%～70%，木炭（或木块）20%～40%，烟煤5%～10%共同搭配使用，效果较好。这固然是一种技术进步，但其固定碳含量及灰分的控制则是一个不容忽视的问题。因为这直接关系到硅冶炼的生产率及能量消耗。我国由于工业硅生产厂规模小、分散以及生产管理水平的限制对原料的质量控制缺乏重视，要做到精料入炉，还需要各方面的努力。

4.2.3 电极的制作

工业硅矿热炉电极的制作也有130多年的历史，可追溯至19世纪70年代末西门子发明人造碳棒电极，20多年后艾奇逊等人发明了石墨电极，直到20世纪初期，泽德贝尔才发明出自焙电极。在工业硅生产中自焙电极很少使用，人们使用最多的是炭素电极。

电极的制作是将无烟煤、焦炭、石油焦、石墨碎粒和沥青焦等原料与黏结剂焦油和沥青在一定温度下充分混匀，然后经挤压成型，成型后进一步加工成满足生产要求的电极。电极制作周期一般为40～60天。生产电极的原材料一定要注意贮存，以防受潮结块。

在电极制作过程中，原料无烟煤经热处理后，生产出的电极可以减少焙烧干燥工序。且无烟煤经浓缩加热后密实度增加，颗粒度好，结构均匀。

炭素电极和石墨电极的制作主要的区别在于，石墨电极经挤压成型和焙烧干燥之后还需放入2500℃的电阻炉中隔绝空气，使其发生石墨化反应后制得。通过石墨化工序后的电极，大大提升了其自身的导电性、导热性、机械强度及化学稳定性。再经浸渍工序处理，即将电极放入装满沥青的容器中，在200～300℃和一定压力下浸渍数小时后，该电极的密度、韧性及丝孔理化性能将明显增加。

电极在使用过程中，因高温电弧的烧损、机械力的破坏及被炉料中氧化物氧化，会慢慢缩短，因此使用中需要将电极接长使用。故不论是石墨电极还是炭素电极在焙烧之后还需再进一步加工处理，主要对电极及其端头处螺丝圆孔进行车削加工，便于两段电极的连接。一般电极端部丝孔的螺丝接头是用具有高密度和高强度的石墨电极坯料车制成带有螺丝的碳质接头。圆锥形螺丝接头用于电极连接，电极的一段是带有螺丝的接头，螺丝接头的另一端将扭进另一根电极的圆形丝孔中。

5 主要的工艺参数和操作

5.1 反应区的参数控制

5.1.1 反应区尺寸

在埋弧式电炉的电炉熔池内，反应区的大小通过解剖炉体、炉料时均已发现，尤其是在无渣法冶炼熔池内这个区域非常明显。反应区尺寸也可用公式计算。反应区的功率密度为：

$$p_{V_T} = \frac{P_B}{nV_T} \tag{5-1}$$

式中 n——电极数目；

V_T——反应区（坩埚）体积。

在炉底没有上涨的熔池里，每相电极反应区的体积为：

$$V_T = \left(\frac{\pi}{4}\right)D_p^2(h_0 + h_B) - \left(\frac{\pi}{4}\right)d^2 h_B \tag{5-2}$$

式中 D_p——反应区（坩埚）直径；

h_B——电极在炉料中有效插入深度（不包括椎体部分和料壳）；

h_0——距离；

d——电极直径。

无渣熔池是指电极与碳质炉底之间的距离，在非导电耐火炉底的熔池里，则是电极出硅口水平面上合金之间的距离。

D_p 值系根据长期操作电炉经验确定。反应区直径等于圆形熔池里电极极心圆直径。选定的电极极心圆直径，应使整个料面包括三个电极的中间部分都是活性区。很明显，电极极心圆直径不得大于反应区直径。因为极心圆直径过大，在熔池中心会形成死料区，电极极心圆直径也不宜过小，因为过小会降低熔池生产能力。

实践证明在各电极之间形成一个共同的熔池是必要的。

h_0 和 h_b 获得自电炉操作实践，在大多数情况下，研究人员计算料柱高度往往把电极周围的锥形料堆也计算在内，在有烟罩（炉盖）的电炉里，则把料柱高度算到下料漏斗的下缘，其实圆锥料堆不应计在内，工业硅熔池料堆和料壳的

高度一般为 $h=(0.4\sim0.6)d$（d 为电极直径），把这个因素考虑进去以后，电极在炉料中的有效插入深度平均约 $1.15d$。

简化式（5-2）得表面没有烧损的圆柱形电极的反应区体积为 $V_T=7.07d^3$，对于多数表面烧损圆锥形电极的反应区体积近似为 $V_T=6.76d^3$。

5.1.2 影响反应区的因素

反应区（坩埚）体积的大小与电炉输入的功率等因素有关：

5.1.2.1 电炉功率

由式（5-1）可知，反应区的有效功率 P_B 越大，反应区的功率密度越大，熔池获得能量多，电炉温度高，坩埚区相应增大。因此在电炉正常生产时要求满负荷供电。

5.1.2.2 电极直径

反应区直径大即电极电弧作用区直径 D_a 大时，反应区（坩埚）体积大；电极直径大时，反应区体积大，一般反应区坩埚直径为电极直径的2.4倍左右。

5.1.2.3 电极插入深度

谢尔格耶夫等人利用电解槽模拟熔池研究了熔池的几何尺寸、电极在熔池中的位置、功率密度的相对分布三者之间的关系，指出对电炉熔池要有一个合适的电极插入深度。一般认为电极插入深度 $h_0=(1.2\sim2.5)d$ 是最理想的，此时电极深而稳地插入炉料中，坩埚大，炉温高而均匀。但当电极插入过浅时，则由于炉底功率密度不足，会造成结瘤和炉膛温度下降，这对于需要大量热能的矿石还原过程是不利的。反之电极位置过深，会引起炉底和熔体过热，合金温度过高而挥发。在固定式电炉熔池里，每根电极端部的坩埚横断面接近于圆形；在旋转式电炉熔池内，这种坩埚则变成近似于椭圆形；旋转愈快，坩埚断面愈小；旋转适中，坩埚断面愈大。旋转还能减小坩埚的高度，说明旋转对坩埚结构是有利的。

5.1.3 工业硅熔池主要参数

正确地选择熔池参数是工业硅电炉设计的首要任务，通过理论计算和生产实践相结合来选择最佳的熔池参数，是提高产量、降低电耗和冶炼顺利进行的先决条件。

5.1.3.1 电极直径

电极直径是熔池主要的几何参数，对熔池的其他参数和电气指标起决定性的作用。电极直径有许多计算方法，下面介绍常用的计算方法。电极直径通常根据电极电流和电极电流密度确定：

$$d=2\sqrt{\frac{I}{\pi\Delta I}} \tag{5-3}$$

式中 d——电极直径，cm；

I——通过电极截面积的电流，A；

ΔI——电极电流密度，A/cm^2。

工业硅生产电极电流密度及其他一些常数列于表5.1中，电极电流密度过大，电极消耗增加、电极容易断裂，炉内温度梯度增大、熔池局部温度过高、合金蒸气损失增加；电流密度过小，电极烧结不良，溶池温度过低。因而电极电流密度的选择应从全局考虑，在具体选择电极电流密度时，应该同时考虑下列诸多因素：（1）大容量电炉，炉口温度较高，电极较易烧结，而且由于二次电流很大，易产生集肤效应，因此电极电流密度应选得低些，相反，小容量电炉，电极电流密度相应可以选得高些。（2）从电炉结构发展趋势看，无论是大型电炉还是较小型电炉，为了减少炉内温度梯度，扩大坩埚区，均倾向于选择低一些的电极电流密度和大一些的电极直径。生产时要有一个能够提高最佳炉况的电极电流密度。

表5.1 电炉参数计算的一些常数

品 种	电流密度 $/A\cdot cm^{-2}$	产品常数 $\alpha_{极}$	反应区功率密度 $p_{V_1}/kW\cdot cm^{-3}$	心圆倍数 α	炉膛倍数 γ	炉深倍数 β	电压系数 κ
工业硅	5.5~6.1	4.87	430	2.2~2.3	5.8~6.0	2.5~2.8	6.7~7.0

5.1.3.2 极心圆直径

在三相电炉中按正三角形配置的三根电极的圆心所形成圆的直径称为极心圆直径。电极极心圆直径是一个对冶炼过程有很大影响的设备结构参数，电极极心圆直径选得比较适当，三根电极电弧作用区部分刚好相交于炉心，各反应区是彼此交错重叠的，这时炉心三角形区域是相互串通的，此时“坩埚”大，炉温高，炉心吃料快，产量高，经济指标好。但当电极心因直径选择得不够适当时，如电极极心圆直径过小，三相电极电弧作用区相交太多，因热量过于集中于炉心使电极之间的炉料电阻降低，电极难以下插，热量大量损失，从而加剧炉内温度分布不均匀现象，“坩埚”缩小，炉况恶化。若极心圆直径过大，三相电极电弧作用区相切，炉心热量不足，易造成所谓三相隔绝现象，从而使整个“坩埚”缩小，炉墙损失加剧，有时会造成炉衬烧穿。

合适的极心圆直径可按下式计算：

$$D_g = ad \tag{5-4}$$

式中 D_g——电极极心圆直径；

d——电极直径；

a——心圆倍数。

在具体选择电极极心圆直径时应考虑下列各因素：（1）电炉容量越大，电极极心圆直径也就越大；（2）二次电压较高时，电极极心圆直径应相应增大；（3）工业硅需要炉膛有较大的能量集中，相应选择较小的电极极心圆直径；（4）炉料电阻较小时，应选择较大的电极极心圆直径；（5）既要考虑到电极与电极之间的距离，也要考虑到电极与炉膛之间的距离，以免炉墙烧损过快；（6）最好使电极极心圆直径有一定的可调范围，便于设备的更新、维护和安装。

5.1.3.3 炉膛内径

在选择炉膛内径时，要保证电流经过电极—炉料—炉壁时所受的阻力大于经过电极—炉料—邻近电极或炉底时所受的阻力。炉膛内径过大，电炉表面散热面积大，还原剂烧损严重，出硅口温度低，出硅困难，炉况恶化；炉膛内径过小，不仅炉壁烧损加快，而且电极—炉料—炉壁回路上通过的电流增加，反应区偏向炉墙，将使炉内热量分散，炉心反应区温度低，炉况恶化。

炉膛内径可按下面经验公式计算：

$$D_{内} = rd \qquad (5-5)$$

式中 r——炉膛倍数；

d——电极直径，cm。

炉膛直径约为极心圆直径的 2 ~3 倍，电极与炉壁间的距离应大于电极直径的0.8 倍。

5.1.3.4 炉膛深度

在选择炉膛深度时，要保证电极端部与电炉底之间有一定的距离，炉内炉料层有一定的厚度。合适的炉膛深度能减少硅的挥发损失，充分利用炉气的热能使上层炉料得到良好的预热，炉膛过深时，虽然能减少硅的挥发损失，充分利用炉气的热量预热炉料，但是电极工作端与炉底距离增加，炉底温度低，因而会造成炉底上升，电极插入深度减少，高温区上移，炉况恶化。此外炉膛过深、炉料过厚还会影响炉料的透气性；炉膛过浅时，料层薄，炉口斜面温度高，炉气热量不能充分利用，热损失大，严重时甚至会出现露弧操作，使热量损失和硅挥发损失剧增，并难以维持正常操作。

合适的炉膛深度可按下列经验公式计算：

$$H = \beta d \qquad (5-6)$$

式中 β——炉深倍数；

d——电极直径。

炉膛深度约为电极直径的 4 ~5 倍。

5.1.3.5 熔池电阻

熔池的有效电阻是一个要计算和冶炼过程中控制的物理参数，尤其是在计算机控制的电炉中更为重要，计算熔池电阻必须计算熔池的电阻系数和电阻的几何参数；熔池的有效电阻可按下式计算：

$$r_{B} = \frac{0.206\rho}{d} = 3.7\rho P_{V_T}^{0.33} P_{B}^{-0.67} \qquad (5-7)$$

式中 ρ——熔池有效电阻系数，Ω/cm；

d——电极直径，cm；

P_{V_T}——熔池功率密度，kW/cm³；

P_B——熔池有效功率，kW。

5.1.3.6 电流强度

工作电流强度按下式计算：

$$I = \sqrt{\frac{P_B}{r_B} \times 10^3} = 507\rho^{0.5} P_{V_T}^{-0.167} P_B^{-0.67} \qquad (5-8)$$

5.1.3.7 有效电压

有效电压（电极上的电压）可按下式计算：

$$U_B = Ir_B = 1.97\rho^{0.5} P_{V_T}^{-0.167} P_B^{0.33} \qquad (5-9)$$

在上述三个公式中，P_B 表示一根电极上的有效功率或在三相电炉一个相的有效功率。

5.1.3.8 产能计算

工业硅电炉的产能与电炉变压器容量、电炉功率因数、硅的回收率、原料情况等有关。工业硅回收率与电耗呈反比关系，如图5.1所示为工业硅电炉在不同功率参数时硅的回收率与电耗的关系。

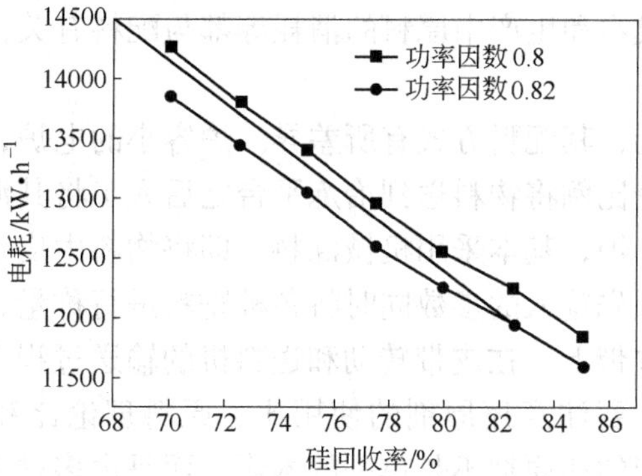

图5.1 巴西27000kV·A工业硅电炉硅回收率与电耗的关系

工业硅电炉产能计算公式如下：

$$Q = \frac{PK\cos\varphi T}{W} \qquad (5-10)$$

式中 Q——电炉生产能力，t/a；

P——变压器，kV·A；

K——变压器负荷利用系数、网路电压波动系数等，0.83；

$\cos\varphi$——电炉功率因数（未补偿），0.78；

T——电炉有效熔炼时间，h；

W——电能吨硅单耗，kW·h。

工业硅产能是电炉一个重要的经济指标。

5.2 工艺操作

5.2.1 配料计算

在工业硅生产中，冶炼炉料由硅石与碳质还原剂如木炭、石油焦等中的一种或两种组成。为满足生产冶炼的需要，避免物料中某一组分不足或过量，在原料入炉冶炼之前需先进行称量混匀处理，即按一定重量比进行混合，组成工业硅冶炼炉料，其炉料各成分的重量比称为炉料配比，炉料配比又称配料比或简称料比。炉料配比一般有两个含义：一是硅石与碳质还原剂的重量比，即硅石中的 SiO_2 与碳质还原剂中的固定碳重量之比，也可称此为理论配料比；二是在每批炉料硅石重量一定的条件下，碳质还原剂组成中不同种类之间的重量比，这种配料比又称为实际配料比。不同种类的碳质还原剂除具有一定的还原性能外，各自还具有不同的特性，如木块主要是起疏松炉料和提高炉料透气性的作用。石油焦起提高产品质量和降低碳质还原剂燃烧损失的作用等。所以，碳质还原剂不同组成之间，根据生产实际情况有一适当比例。配料比是工业硅冶炼相当重要的技术条件。产品的质量、成本和生产中原料的消耗等都与配料有关，因此应对此引起足够的重视。

电炉的类型不同，其配料方式有所差异。炉容小的电炉，一般采用人工配料方式配料，即按理论比例将物料送到冶炼平台之后人工将其混匀，充分混匀后方可入炉。炉容大的电炉，基本采用机械混料，即将物料由皮带送到日料仓，控制料仓的计算机按照预先输入的参数同时将各种物料进行称量，之后将其统一分布到一条水平放置的皮带上，在皮带转动和送料机的输送过程中物料被充分混匀。

在配料工序中，要注意还原剂的使用比、原料理论比和原料实际比等的计算。由于工业硅生产的还原剂不是单一的木炭，而是由多种碳质物料复合而成的还原剂，因此，在计算相关比例时应将复合还原剂中各组分中含碳量换算统一。不同工厂因原料来源不一致配比就会存在一定差异，即便是同一工厂，在不同时期，由于炉况和生产要求不同，对应碳质还原剂的配比也不同。如在电极上抬，炉况较差时，木炭或木块的配比就会相应增加，而煤和石油焦的配比需对应降低。而当电极埋得深且稳，炉况稳定时，可适当将木炭配比调低一些，并可增加烟煤和石油焦的配比，以达到节约生产成本的目的。由此可知，工业硅冶炼物料的配比是动态的，要注意根据实际生产中炉况的好坏结合原料实际的理化性质来调整配比，使生产顺利进行的同时达到节能创效的目的。

工业硅冶炼从原理上讲，是 SiO_2 与 C 在高温条件下进行还原反应生成 Si 的过程，故理论配料可按照以下反应式进行：

$$SiO_2 + 2C \longrightarrow Si + 2CO \qquad (5-11)$$

在计算过程中，要注意几个假设：（1）假设生产中硅石中二氧化硅的含量为 100%；（2）假设碳质还原剂还原自身灰分中氧化物所需的碳刚好等于电极中参加反应的碳。由此即可计算出一定量的硅石所需的碳的量。即：

$$固定碳量 = 硅石质量 \times \frac{2 \times 12}{28 + 32} \qquad (5-12)$$

在此条件下，当硅石质量为 1t 时，所需的碳质量为 0.4t。

利用式（5－11）化学反应方程式，还可推出生产一定量的工业硅所需的碳的量和硅石的量。即如式（5－13）和式（5－14）所示：

$$固定碳量 = 工业硅质量 \times \frac{2 \times 12}{28} \qquad (5-13)$$

$$硅石质量 = 工业硅质量 \times \frac{28 + 32}{28} \qquad (5-14)$$

在此条件下，如生产 1t 工业硅，需要固定碳量和硅石质量分别为：857kg 和 2140kg。

在实际生产中，硅石与碳质还原剂的关系可由式（5－15）表示出：

$$m_C = \frac{m_{SiO_2} C_L}{C_S(1-k)} \qquad (5-15)$$

式中 m_C——每批料中还原剂的质量，kg；

m_{SiO_2}——每批料中硅石的质量，kg；

C_L——理论配料比系数，为 0.4；

C_S——还原剂固定碳含量；

k——还原剂燃烧损失系数。

式（5－15）中烧损系数 k 可根据经验得出，在一般情况下，木炭燃烧损失为 15%，煤为 10%，石油焦为 5%。

例如在还原 1t 硅石时，若某一次配料中木炭的固定碳为 70%、水分为 7%、挥发分为 20%、灰分为 3%，低灰分烟煤固定碳为 61.5%、灰分为 2.5%、水分为 4%、挥发分为 32%。每批料硅石为 100kg，木炭∶低灰分烟煤 = 32∶68，则硅石、木炭和低灰分烟煤的比例如下：

$$硅石:木炭:低灰分烟煤 = 1:\frac{0.4 \times 32\%}{70\% \times (1-15\%)}:\frac{0.4 \times 68\%}{61.5\% \times (1-10\%)}$$

$$=1:0.215:0.491$$

这种理论公式法是我国工业硅生产最早采用的方法，而且也是至今还在普遍使用的方法。通过从其公式推导过程看，考虑的影响因素少，算法也比较简单，在生产中以上方法所计算出的结果有一定的局限性，仅只可作为参考。在实际生产中由于各种原料的粒度和化学成分波动大，以及电气参数和操作参数不同，使理论计算值与实际值之间存在误差。为尽量减小这种配料的误差，在实际生产中需要结合多次生产经验来调整原料配比，及时纠正生产状况。

另外，研究人员采用方案优化法和目标函数法配料，以减小配料产生的误差，方案优化法是在不同条件下对几种炉料配比方案进行生产试验，根据优化法则而选择一种既符合技术要求又经济合理的配料比方案。这种方案不仅考虑了料比，同时还考虑了原料粒度、电极极距和电流电压比等多方面的综合影响因素，所选出的料比方案可以在这些条件下满足优化目标的要求，因此，其优化方案更符合实际，应用性更强；目标函数法对于控制产品中杂质 Fe 含量在一定范围内是很有效的配料比计算方法。可保证在满足产品功能的条件下，多采用些价格低廉的碳质还原剂，以达到最低生产费用。

5.2.2 烘炉

电炉建设完毕或电炉检修完成，小产工作将是重要的任务。

5.2.2.1 烘炉前的准备

电炉炉衬砌成后，在正式投产前要进行烘炉。通过烘炉，除掉炉衬水分和气体，把电极、炉衬烧结成型，保证在加料前炉膛和电极适合冶炼要求。

目前国内烘炉的方法有木柴烘、焦烘、木焦混合烘、电烘等。

不管采用那一种烘炉方法，都应遵循升温速度由慢而快，火焰由小到大，电流由小到大。不但要求烘干炉衬，而且要使炉体蓄积足够热量，使整个炉体具有较好的热稳定性。

烘炉前要制订详细的开炉方案，做到万无一失，尤其是电路系统要保证安全。

(1) 首先全面检查各种设备符合试车要求。包括导电系统、水冷系统、电极悬挂系统、配料系统、电极升降系统、电极压放系统；对半封闭电炉还包括封闭系统，电炉烟气净化系统等，并按生产条件试车，合格后方可烘炉。

(2) 在炉衬炭砖内表面贴一层薄耐火砖，把炭砖保护好，以防在长期烘炉过程中炭砖氧化、损失，缺点是一段时间内产品杂质含量高。国外采用 500mm × 500mm 大小的硅石将炭砖保护起来，缺点是大量的黏渣影响硅液的流淌。

(3) 电炉底部铺一层厚 100mm 左右的焦粒（0 ~ 3mm）或碎碳素电极粒，以保证起弧且炉底砖不氧化。

（4）将电极把持器放到上限位置，保证电烘时有足够长度的电极被烧结，加快电极烧结速度且不影响铜瓦性能；为了防止烘炉过程中碳素电极的高温氧化，炉膛内每根电极上部要用耐火石棉绳缠绕保护。

配料料批以规定数值硅石为基础，还原剂数量根据原料化学成分、经验数据经计算而定。各种还原剂按一定比例搭配，灰分小于4%、挥发分高、反应活性好、比电阻高的烟煤和褐煤，可代替木炭，要适当配比。配料时要注意原料变化，及时调整配料，要注意原料的清洁，清除异物，防止杂质混入料内。

5.2.2.2 烘炉

烘炉质量不仅会影响炉衬使用寿命，而且还会影响电炉是否能顺利投入生产。烘炉质量不好，会降低炉体使用寿命，并延长升炉时间，影响整个生产过程。

电炉的烘炉应严格按开炉方案烘炉表进行。烘炉时间的长短，主要决定于电炉的大小、炉衬种类及烘炉方法。

烘炉初期电极和其他设备承受的热量较小，因而需冷却水较少，水量一定要根据热量进行控制，此时水必须畅通。烟罩封闭风可以不开，以后根据热量情况，调整水量和风量。

整个烘炉过程分两个阶段。第一阶段是柴烘、油烘或焦烘，其目的是焙烧电极，使电极具有一定承受电流的能力。除掉炉衬气体、水分。第二阶段是用电烘炉，其目的是进一步焙烧电极，烘干炉衬，并使炉衬达到材料进一步烧结，达到冶炼要求。

A 柴烘

先在炉膛中放好木柴，用废油引燃，慢慢燃烧，火焰高度不超过炉口。木材数量一定保证前期用小火烘烤电极。小火烘烤电极的时间约占整个烘烤时间的1/3～1/2。而后用大火烘烤电极，使木材均匀而剧烈地燃烧。火焰高度一般可达电极把持器。在整个柴烘过程中，应该注意电极每个侧面的烘烤情况。

柴烘是一种老办法，消耗大量的木材。如烘烤一台10000kV·A电炉需30～50t木材。烘烤时间为48～72h。此法成本低，但劳动强度大。

B 油烘

采用低压喷嘴（例如用RK－40型低压喷嘴）进行机械操作。以柴油或重油为燃料，喷吹燃料时，油压为2～6kgf/cm^2，以6kgf/cm^{2}的压缩空气使之雾化并助燃。引火后，先喷射小火烘烤。喷射火焰应从下向上，火焰不能直接对准电极，而且必须经常移动喷嘴位置，在整个油烘过程中，为防止因炉腔太大热量损失过量，可用石棉板搭成一个更低的简易炉盖。

油烘炉法焙烧电极速度快，时间短（如烘烤一台10000kV·A电炉只需32～48h），烘完不用除灰，但油耗量大（如一台10000kV·A电炉用30t），电极烘烤质量尽量均匀，并且需要复杂的设备。

C 木焦混合烘炉

这是一种采用较多的方法。它使用大块冶金焦作燃料。烘烤时先堆放木柴，上面放焦炭，用废油引火，先用小火烘烤电极，使焦炭缓慢燃烧，焦炭必须紧靠电极进行燃烧。随着焦炭的燃烧，应逐渐添加新焦炭；每次添加焦炭量不宜过多。焦烘后期用大火烘烤，使焦炭均匀而激烈地燃烧。烘烤时必须时刻注意电极烘烤情况，为帮助焦炭燃烧，可从炉眼处向炉内鼓风助燃，也可用压缩空气插入焦炭堆加以助燃。

焦炭烘炉时间较长，如一台8000kV·A消耗量也比较大，电炉烘炉时间为48~72h。焦炭消耗量也比较大，例如烘烤一台8000kV·A电极约用15t焦炭，但焦炭烘炉，升温比较均匀，焙烧效果好。

采用木焦混合烘炉方法，其主要目的是烘干炉衬，并使炉衬蓄备足够的热量。木焦混合烘炉后，需要扒掉草木灰和残焦，清扫干净炉底，特别是电极下部要扒净。

在第一阶段烘烤过程中，不管采用哪一种方法，其主要任务是烘烤焙烧电极、提高炉衬温度，筑炉中安置的温度计随时记录炉衬和炉底的温度变化情况。三相电极应逐渐从低温向高温烘烤，但烘烤时不能过多移动电极，要防止电极断裂。

电极烘烤好的标志是炉膛电极上部暗而不红或微红；下部红而明亮；电极不再冒烟。

电极烘烤结束后，应迅速挖出焦炭灰。压放三相电极长度。10000kV·A的电炉工作端为2.0~2.4m。

D 电烘炉

电烘炉前同样要求检查一次机械、电气设备，各部分运转正常后，才可进行电烘炉。

木焦烘炉后，扒净电极下部草木灰和焦炭后，在三相电极下面加一层粒度为3~40mm的石油焦或焦炭，防止炉底氧化并构成电流回路便于拉弧。按电极三角形位置放置小型碳素电极棒，下插电极、低负荷送电引弧，开始电烘炉。

国外公司先进的开炉方法是不需要柴烘、焦烘，在三相电极下面加一层粒度为5~50mm的碳素电极碎颗粒，下插电极开始低挡位送电引弧烘炉。为了起弧方便，开始使用略高一些的电压通电。待电弧稳定后，使用低等级电压烘炉，然后逐步升高电压。执行开炉前预定的操作方案，要按电烘炉进度计划表逐渐把电极焙烧好。电流从小到大，逐渐升高，并留间歇停电时间，目的是炉衬升温均匀。送电时间逐渐增加，间歇停电时间逐渐减少。

电烘炉时，为稳定电弧保持额定的功率，根据具体情况往电极周围和炉内添加焦炭或低灰分煤。同时，应尽量少动电极和使三相电极负荷保持均匀，不要单独升高某一相负荷，以免出现电流不均、过电流致使电极开裂或断裂事故。电极负荷不足时，不能强制插电极，可扒除焦炭灰添加新焦炭，以保持额定负荷。电极工作端消耗较大，不得不下放电极时，必须操作人与电极观察人配合慢慢下放，并随时观察记录电极烧结情况和起弧状态。

在整个电极焙烧过程中，为使温度逐渐上升和炉衬各部受热均匀，应严格按电烘炉计划进度表进行操作送电与提升温度。电烘炉结束前电炉的最大功率通常为额定功率的1/3 ~1/2。

电烘炉结束的标志是炉眼平面处炉壳外部钢板温度为 70 ~ 80℃，炉底有40℃的温度感觉，炉衬排气孔内冒出较长火焰（碳质炉衬）。电烘炉同时用木柴或焦炭或木炭烘烤硅水包和炉眼外部流槽。电烘炉耗电量根据电炉容量和电炉砌筑材料、方法的不同而异。

电烘炉结束后，应迅速尽可能多地挖出烘炉焦炭和部分已掉落的耐火砖，并把剩余少量焦炭推向炉内四周。然后下放电极，加新焦炭引弧，待电弧稳定后，加入较轻炉料。

必须指出小型和大型电炉烘炉工作基本相同。开始加料初期，要注意负荷的上升速度，要防止发生电极过电流、热应力造成的事故，同时对开炉、加料速度一定严格控制，因为新开炉炉衬仍需一定热量焙烧。

5.2.3 开炉

电炉炉衬烘好后，设备已经检查试运转正常，一切准备工作完成后即可开炉。先配几批强炭料，或减少硅石用量逐渐达到正常料批。用烘炉电压开炉，直到炉况正常为止。引弧后向三相电极周围投入木块和石油焦，数量视电炉容量而定，一般5000kV · A 以下电炉可投入800kg 左右的木块，100kg 左右的石油焦。要严格控制料面上升速度，加料速度和输入电量要一致。引弧后第一次加料要多些，这样可以盖住电弧，以后加料要根据耗电量控制加料量。开炉操作尽量少动电极，加料要轻，以免炉料塌入电极下，使电极上抬，造成炉底上涨。料面一定要维护好，尽量减少加料量又不要刺火、塌料，使炉内能够多蓄积热量，为形成正常炉况打下基础。炉口料面要平稳上升。第一、二炉更要注意，不许捣炉，使坩埚尽快形成。对2700kV · A 电炉加料后 12 ~20h 出第一炉，电耗3.5 万千瓦 · 时左右；第二炉 6 ~10h 出炉；第三炉恢复正常出炉时间。

5.2.4 加料

按配料要求配料、上料。新开炉时木块或玉米芯可单独堆放。新开电炉配料应偏“重”些、因为新开炉的炉底有残留的炭材，还原剂按比例少加；待炉底部残留的还原剂数量和料批中少加的数量相抵消时。再按正常料批配料、加料。

但是在开炉时用硅石块保护炭砖的开炉方式，配料不能重，相应要略轻些。操作工艺上要采用出硅或沉料后集中加料的方法。其余少量地采用勤加薄盖的方法，调整刺火时加入。最好保证三相电极同时进行沉料。根据焖烧情况，一般30～60min料基本化空后，在刺火前要集中沉料。在沉料后先在紧靠电极周围处加木块或玉米芯，并且要立即用热料盖住后再盖新料。加料要均匀，不允许偏加料。

料面要加成平顶锥体，锥体高300～500mm据炉口火焰情况，加料调整火焰，保持均匀逸出，这样可以延长焖烧时间、扩大坩埚。不要等火焰过长甚至刺火时才盖料控制。

要根据炉内还原下料情况加料，使供给负荷、还原速度、加料速度相适应，控制正确的加料量，保持正常料面高度并控制炉温。加料速度超过熔化还原速度，料面会抬高，炉温下降。加料不足或电极上抬，硬性控制料面，炉料面温度就会升高，此时热损失大，造成硅的挥发损失过多。

工业硅生产、尤其是新开炉最讲究料面逐渐上升，以埋入电弧为准，投料后第一个班料面与炭砖平齐，出炉前料面高度达到炉膛深度的2/3。生产时料面与炉口平，不得高于炉口500mm或低于200mm。

按配料要求配好料，运到炉前，木块单独堆放。配料称料次序为：木炭、石油焦、硅石。采用焖烧、定期集中加料和彻底沉料的操作。在工业硅生产中采用烧结性良好的石油焦，炉料中不配加钢屑，因而炉料容易烧结，所以冶炼工业硅炉料难以自动下沉，一般需强制沉料。当炉内炉料焖烧到一定时间后，料面料壳下面的炉料基本化清烧空，料面开始发白发亮，火焰短而黄，局部地区出现刺火、塌料，此时应立刻进行强制沉料操作。沉料时，用捣炉机从锥体外缘开始将料壳向下压，使料层下塌，然后捣松锥体下脚，捣松的热料就地推在下塌的料壳上，捣出的大块黏料推向炉心，同时铲除电极上的黏料。沉料时，高温区外露，热损失很大，因而，捣炉沉料操作必须快速进行，以减少热损失。

一般在负荷正常、配比正确、下料量均衡的情况下，炉子需要集中下料的时间是基本一致的。对25000kV·A电炉，加400kg硅石的混合料批，约1h沉料一次。如果超过正常沉料时间，应分析原因及时调整。有时是负荷不足、上次下料过多、还原剂不足、炉料还原不好等。如下料过多，要适当延长时间进行提温；如果还原剂不足应进行强制沉料，同时向炉内撒入少量还原剂。要学会掌握沉料时间，并能根据炉况和声音判断确定沉料时间。每班沉料约5～6次，炉况正常时可做到全炉集中沉料加料，使还原均匀、电极深插。若因加料不均匀，透气性不好，还原剂用量不当造成局部严重刺火时，可采取局部沉料加料的方法处理。沉料时捣松就地下沉，尽量不要翻动炉料层结构顺序，若遇大块黏料影响炉料下沉和透气时，应碎成小块或将其推向炉心。每次出炉后，应用捣炉机或人工进行捣炉。捣炉可以松动料层，增加炉料透气性，扩大反应区，从而延长焖烧时间，减少刺火，使一氧化硅挥发量减少，提高硅的回收率。捣炉时操作要快，下钎子方向、角度要掌握好，不要正对准电极；当炉况正常时，沿每相电极外侧切线方向及三个大面深深的插入料层，要迅速挑松坩埚壁上烧结的料层，捣碎大块，就地下沉，不允许把烧结大块拨到炉外（特大硬壳除外），然后把电极周围热料拨到电极端部，加木块（或木屑）后盖住新料。焖烧、定期集中加料和彻底沉料的操作方法，有利于减少热损失和提高炉温，扩大坩埚。集中加料时，由于大量冷料加入炉内，炉温降低，反应进行较缓慢，气体生成量也较少。焖烧一段时间后，炉温迅速上升，反应激烈，气体生成量急剧增加，此时如发现炉料局部烧结，透气性不好，要在锥体下脚“扎眼”帮助透气。石油焦有良好的烧结性能，焖烧一段时间后，易在料面形成一层硬壳，炉内也容易出现块料。为改善炉料透气性、调节炉内电流分布、扩大坩埚，除扎眼透气外，还应用捣炉机、铁棒松动锥体下脚和炉内烧结严重的部位。用铁棒捣料要以铁棒发红为度，严防铁棒熔化而影响产品质量。

5.2.5 捣炉

经过集中加料、小批调整火焰加料，保持炉气均匀逸出，一段时间后电极下部及周围炉料被熔化，还原出现较大空腔；此时，料层变薄易塌料，在大塌料前应该进行沉料。沉料就是主动集中下料。一般负荷正常、配比正确、下料量均衡，电炉需要集中下料的时间是基本一定的。对8000kV·A电炉，约加400kg硅石的混合料批，约1h左右沉一次料。如果超出正常沉料时间，分析原因及时作出调整，可能原因有负荷不足、上次下料过多、还原剂不足、炉料还原不好等。如下料过多，要适当延长时间进行提温，如果还原剂不适应，进行强迫沉料，同时撒入炉内少量还原剂。要学会掌握沉料时间，根据炉况和声音判断确定沉料时间。

每班沉料约5~8次。炉况正常时可做到集中沉料、加料。使三相坩埚还原均匀、电极插得深，若因加料不均匀、透气性不好、还原剂用量不当造成局部严重“刺火”时，可采取局部沉料、加料的方法处理。

沉料时，捣炉机捣松后就地下沉，尽量不要翻动炉料层结构顺序，若遇大块黏料影响炉料下沉和透气时，应碎成小块或将其推向炉中心。

每次出炉后应用捣炉机或人工进行捣炉，捣炉可以疏松料层，增加炉料透气性，扩大反应区，从而延长焖烧时间，“刺火”少，使一氧化硅挥发量减少，提高硅的回收率。捣炉时操作要快，下杆子方向角度要掌握好，不要正对准电极。当炉况正常时，沿每相电极外侧切线方向及三个大面深深地插入料层。要迅速挑松坩埚壁上烧结的料层，捣碎大块就地下沉。不允许把烧结大块拨到炉外（遇有特大的硬壳除外），然后把电极周围热料拨到电极根部，加玉米芯（或木屑）后再盖住新料。

以8000kV·A电炉为例，正常炉口维护操作如下：

出炉后彻底捣炉，先使料面部分热料封住炉内“刺火”，再集中加盖新料，进行焖烧提温。同时对炉口料面火焰较大处盖新料，约20min后对透气不好处轻轻扎杆透气，调整炉口火焰，使整个炉口火焰都很活跃。透气操作一般用沾水的圆钢（30mm左右）向冒火弱处插入，再向外抽出并向上挑松炉料，直到冒出白色火焰。

焖烧30～60min后，待料面变成较厚的烧结层且火焰发白时，炉内熔池区已还原较空时，会再次沉料，沉料后先加盖热料再盖新料。

5.2.6 出炉、浇铸

5.2.6.1 出炉

硅的出炉就是炉内反应生成的熔体硅经炉口放出。有间断出炉和连续出炉两种方式。采用不同的出炉方式，对工业硅炉的生产率和硅的质量等有不同程度的影响。

间断出炉是在炉内的熔体硅达到一定数量后，定期打开炉眼，硅在短时间内放出，然后再堵上炉眼。这种出炉方式，对小容量工业硅炉能更好地保证硅从炉内顺利放出。短时间内放出较多硅量，温度较高，有利于硅与熔渣的分离，能保证所得到的产品有较高的纯度和结晶结构。但间断出炉炉内积存的硅较多，容易过热和造成硅的挥发损失和二次反应损失；电极也不易深插。这种方式不利于维持正常熔炼过程和提高生产率。

连续出炉是在熔炼过程中，炉内反应生成的硅经炉口不断放出，炉眼是经常开着的。这样炉内硅的过热程度小，挥发损失少，电极容易深埋，对改善熔炼过程和提高产量有利，但当电炉容最小时，连续放出的硅流小，流出后很快凝固，对熔渣分离和提高硅的质量不利。

针对间断出炉和连续出炉存在的不足，国外有人曾提出采用双层炉底的设想，使硅生成后马上从上层炉底流入下层炉底，在下层炉底积存一定量后再放出炉外。但这种设想实施起来并不容易。

在硅熔炼的实际过程中，根据不同情况和要求，可采用不同的出炉方式。

对新启动的电炉，为尽快提高炉底的温度，可采用间断出炉。前几炉出炉的间隔时间比正常情况可更长些，对5000kV·A工业硅炉，第一次出炉约在加料后10h左右进行。

在正常熔炼过程中，我国的工业硅炉现在采用间断出炉的较多，也有的采用连续出炉。

正常的间断出炉，时间间隔一般是2～3h。出炉时先清出炉口处的碎硅，再用烧穿器烧穿炉眼。一般经 5 ~ 10min 即可烧穿，然后把烧穿器拉出，并切断电源。

炉眼烧穿后，如果渣多，硅流不通畅，有的厂还使用了一种形似手榴弹状的“穿甲弹”，把此弹放在炉眼处引路后，此弹即向炉眼内行进，而把炉眼更好的打通。

熔体硅从炉口放出后，一般是流到抬包中，有的厂同时还向抬包内加入麦秆、稻草等保温物。正常出硅 20min 左右就可结束，然后封闭炉眼。

堵炉眼前应清除炉口处黏渣。如炉眼已被熔渣堵得很小，要用烧穿器扩烧炉眼，然后将 100 ~ 150mm 的砖块送到炉眼深处，再用炉眼堵具推实，这样连续堵入 3 ~ 4 块后，再用 0 ~ 6mm 碎硅封好炉眼。

刚启动的新炉，无硅块时，可用 20 ~ 30mm 的焦块赌炉眼。还可用黏土和碳粉的混合物（1∶1）做成的塞块堵炉眼。

间断出炉时所用的抬包是铸造的主要设备之一。外壳由钢板焊成，内部砌有石棉板、耐火砖和碳砖等。使用前要用木柴或煤气烘烤，也可利用热硅锭或旧抬包的余热烘烤，以使其干燥和预热。

抬包在使用中，由于装入和倒出熔体硅温度的变化以及定期消除黏结物的捣动，内衬的耐火材料会发生龟裂、松动以至出观孔洞。要定期用耐火泥修补或更换内衬。在正常操作下，每个抬包使用 15 次左右就要重新更换和砌筑内衬。有的厂为减少碳块用量，抬包底用底糊捣固，也可达到一定的使用期限。

连续出硅是在炉眼烧穿后，熔体硅直接流到抬包车上的方形铸模中冷凝，一个方铸模流满硅后，抬包车开走，另一个载有方铸模的抬包车开入，炉内的硅连续放出。

连续出硅时，炉口也要用烧穿器定期处理，使其形状规整。为减少杂质对硅的污染，烧穿宜在更换方铸模前后进行。

连续出硅时熔体硅在方铸模中很快冷凝，硅锭断面上常有明显的夹渣，从而降低硅的质量，如使熔体硅流到感应炉等可加热的设备中，采用出炉与硅的精制结合的综合措施，效果可望更好些。

工业硅炉上靠近炉眼的外面部分称为炉嘴。由于出炉时的电烧穿及人为的捅破，极易损坏，因而炉嘴是炉体结构中的易损部分。5000kV · A 工业硅炉的炉嘴碳块一般使用一周左右就得更换。更换作业在出炉后立即进行。堵好炉眼后，先用铁钎把已坏碳块剜下，镶上新碳块，再把底糊碎块塞入缝隙，并砸固封严，待温度升高底糊烧结后即可使用。

5.2.6.2 浇铸

间断出炉时，要把从炉内流入抬包中的硅再浇铸到铸铁砖围成的铸模中。为保证铁铸模浇铸时不致熔化，铸铁砖应有一定的厚度。根据硅块破碎包装的需要，对一般用途的硅，浇出的锭厚度通常是100～150mm。根据每炉硅的产量，浇铸前可调整铸模的长度，以保证硅锭厚度在所要求的范围内。

在实际生产中，为防止铁铸模底面及内表面熔化或高温氧化生锈，常在这些部分涂以石墨粉树脂涂层或铺一层小于6mm的细粒硅。这样会玷污硅锭表面。

美国福特矿业公司在工业硅生产中用通水冷却的铸铁模浇铸硅。我国有的工业硅企业也采用过这种铸模。这可减少硅锭炭面的污染，但冷却模一定要保证水流通畅，又要严防熔化，否则会产生爆炸事故。

硅锭冷却到一定温度（锭表面温度约为800～1000℃）时，需用特制夹具把硅锭从铸模中取出，放到托盘上缠绕冷却室温，再进行破碎包装。

苏联工业硅的浇铸，早期采用的是在焊接的金属槽中用碳块围成的碳铸模，以后改成可拆卸的铸铁模。

我国和苏联的这些浇铸方法都不够理想，改进熔体硅出炉后的保温和加热条件，实现连续浇铸，是今后的发展方向。

5.3 工业硅生产过程中的异常情况及处理方法

5.3.1 正常炉况

电炉生产工业硅，炉况容易波动，较难控制，必须正确判断炉况，及时处理。实际生产中，影响炉况最主要的因素是还原剂用量。炉况的变化通常反映在电极插入深度、电流稳定程度、炉子表面冒火情况、出炉情况及产品质量波动等方面。炉况正常的标志是：电极深而稳的插入炉料，电流电压稳定，炉内电弧声响低而稳；料面冒火区域广而均匀，炉料透气性好，炉面松软而有一定的烧结性，各处炉料烧空程度相差不大，焖烧时间稳定，基本上无刺火、塌料现象；出炉时，炉眼好开，流头开始较大，然后均匀变小，产品产量、质量稳定。

5.3.2 工业硅生产中的几个问题

在工业硅熔炼过程中，常出现的异常炉况有炉底上涨形成刺火火眼、电极埋得过深、中心三角区下料过快等。

5.3.2.1 炉底上涨

炉底上涨主要是指熔池底部末熔融物和半熔融物沉积层增高，造成熔体硅和反应区上升，出炉时熔体硅液不能通畅地流出。造成炉底上涨的原因如下：

（1）电炉结构参数偏大，电炉长期在冷状态下运行，且熔体硅与炉眼间的通路变长，熔体硅液排出困难，往往出现仅有流动性好的熔体硅才能流出，而黏渣不能排出，积存在炉底，造成炉底进一步升高。

（2）在电炉的负荷不变时，如使用的二次电压过高，会造成电弧区的高度增加，热量和原料的损失增大，熔池内能量的密度降低，电极不易下插深埋，因而炉底温度低，炉底容易上涨。

（3）使用原料的粒度适当。当原料粒度碎小时，炉料的电阻下降，不利于电极深埋；原料的粒度过大时，没完全反应的物料进入熔炼区，熔体硅液变黏，出炉时不易排出熔渣，都容易造成炉底上涨。

（4）事故、故障热停炉次数多，如送电升温时间太短、加料后炉底温度低，也容易造成炉底上涨。

（5）捣炉和加料的操作不当，大量未预热的冷料进入反应区后，炉料不能完全反应，也会造成炉底上涨。准确地查清炉底上涨的原因后，可采取相应的措施加以处理。

5.3.2.2 料面透气性变坏

透气性变坏的主要特征是，炉面冒出的火苗呈亮黄色，有时几乎是白色，从料面冒出的炉气不均匀，形成大量刺火。刺火处的炉料烧结成块，黏结在一起。当炉料过细或使用还原剂不足的炉料时，会造成炉料烧结，造成料面的透气性变坏。

在这种情况下，应降低料面的高度，以减小气体排出的阻力，加快炉料的下沉速度，增加炉料的下沉量，还应添加还原剂，及时向炉内加入调整后的炉料。

5.3.2.3 形成刺火

“刺火”就是在料面形成较大的“刺火孔”，即气体通道，大量的火喷出来。刺火会伴随喷出大量热能和已还原的硅及其他氧化物，这不仅会造成热能和熔炼产物的大量损失，增大原料和电能的消耗，炉膛上部料面的温度还会升高，影响电极装置和其他靠近料面的设备和部件。

不及时加料或由于炉料在电极周围被烧结、黏挂在上部而造成沉料不足时，随着下层炉料的熔化，在烧结料壳下面形成自由空间，气体便集中在这个地方。到一定时间后，高温气体的强大火柱便冲出料层，形成“刺火”。

为消除这种刺火，应使刺火部位上部料层均匀下沉，炉膛内炉料下沉后，将刺火部位周围炉料推向刚下沉炉料的位置，并把炉料耙到电极附近，然后添加新的炉料。

炉膛上部局部炉料发死时，气体不能沿整个料面自由逸出，就会在下沉料层的最松散的部位冲出，这也会形成“刺火”。

为了能使气体均匀逸出和使坩埚内烧结部分的物料均匀下沉，要加强捣炉作业，应在锥体料面基部定期捣炉。

在还原剂不足和使用过大块的硅石时电极附近出现明亮的火焰。在这种情况下应拨开锥形料面，在电极下面加一定数量的还原剂。

如果炉膛上口被料面结壳堵塞，可形成较大但不很明亮的刺火。在这种情况下，需稍许处理炉膛料面的物料，以保证料面能很好地被加热。此时应刺穿圆锥料面的基部，并添加有过量还原剂的炉料。

5.3.2.4 电极插入过深

在炉料中还原剂的量少时，炉料的电阻增大，为保持一定的电流负荷，电极必须下降到更低的位置。还原剂不足会造成料面的炉料严重烧结，还会增加电极的消耗量，为此不得不经常下降电极。在这种情况下，电极消耗成圆锥形，电炉料面刺火频繁，炉门温度高，黏稠的熔渣降到炉膛下部，伴随出硅操作流出。

如果长时间还原剂不足，会从炉眼内滚出半熔化的没有还原的硅石，这种硅石可堵塞炉眼，妨碍熔体硅流出。

短时间的还原剂不足，还不致引起生产率急剧下降。在电极深埋的最初几小时，由于炉底加热良好，尚能流出更多的硅液。但还原剂长时间不足，则会导致电炉生产率低和过多地消耗电极。在这种情况下，为调整好电炉的冶炼过程，必须以轻料的形式增加炉料中的还原剂，改善炉膛上部操作工序和用烧穿器加热出炉口。

电极插得过深的另一个原因是，为提高电炉功率而大幅度增大电流。正常的电流与电压的比值遭到破坏。在电气制度发生这种变化时，电极在炉料中的插入深度必须增加，因而缩小了电极下面的空腔高度，并进一步向炉底扩大空腔。由于向电极下面容积很小的空间导入的能量增加，热量迅速集中，炉料中很多组分大量蒸发。由于反应区的温度过高，这时铝、钙、镁的氧化物的还原反应比其他正常炉况时得以更充分进行，因而造成工业硅中铝、钙、镁的氧化物含量增加，产品质量降低。

为保证电炉的正常熔炼，必须按适当比例增大电流、提高电压，如不能提高电压，应调整原定的电流强度。

5.3.2.5 电炉中心三角区下料过快

电炉中心三角区经常下料过快，说明在这种功率下电极间的距离小，要改变这种情况，自然应增大电极间的距离。

如果电极的间距适当，而炉料在外侧大量烧结，迫使气体移向电炉中心冒出，这时气体会集中于电炉中心加热炉料，也会引起电极间的料面快速下沉。在这种情况下，消除电炉中心区料面下沉的有效方法是将细碎硅石添加到电炉中心或者是向这个区域添加重料以及提高电极间的料面水平。如果中心区料面下沉的原因是电炉周边添加了还原剂不足的炉料，那么应在整个圆锥料面上补加还原剂。

5.3.2.6 电炉容量的选择

由于受石墨电极直径的限制，建大容量的电炉有一定问题，建大电炉，电极就得依靠进口，而用自焙电极，目前技术问题没有完全解决。

5.3.2.7　还原剂不足

电极插入深度不稳定，输入的功率波动大，记录器存储一条突变的曲线、光滑的谱带遭到破坏，并且越来越大地记录出不稳定性，尤其是还原剂大量不足时，长石英丝出现并从电极上滴落下来；坩埚区缩小；炉料大量烧结，料面上出现强烈“刺火”现象；炉眼出硅时没有喷出强烈炉气火焰。炉气压急剧升高，从电极周围喷出的一氧化硅在炉膛氧化发出白光；当还原剂持续周期性不足时，黏稠的炉渣从炉眼流出，但被迫逐渐完全终止。

应该注意的是冶炼工业硅炉料料面结死的机会总是比冶炼硅铁多，结壳容易急剧地出现，此时电极坩埚边缘出现白色火焰。

这种情况的补救办法之一是在炉料中补加一部分还原剂或者在料批中配加更多一些木块，并且加强活跃料面的操作，改变缺碳状况。

当长期缺少还原剂操作时，打开炉眼出硅操作变得更困难；堵塞炉眼变得困难或者完全不可能。当熔化区扩渗到拱顶和炉衬时，由于前墙的软化，首先出硅口炉眼部位遭到损坏，造成硅液从砖缝中渗出；应在炉跟上部料面积极地操作，并补加一些碳质还原剂。

当出硅炉眼损坏严重时，使用运行中的处理方法无效时，应该用以下的方法处理。将围绕在电极周围的炉料熔化下沉，切断电源，并在坩埚区压入20～100mm的电极块100～200kg，这种操作被执行得很理想时，被压入的电极碎块进入炉渣中，观察到三相电极略微升高，炉况恶化逐渐改善。在某些严重的情况下，这种操作应重复2～3次，但每个班最多一次。出硅炉眼损坏相当严重时需停炉进行修复。

从下列特征中可发现冶炼工业硅是缺少还原剂的：电极消耗多，大量白色炉气喷出，炉气以较大的压力从出硅炉眼喷出，输入功率不稳，有未还原的硅石从出硅炉眼流出。

补加一定的还原剂可以消除这种反常现象。有时缺少还原剂时可以减少硅石的加入量。当未被还原的硅石从出硅炉眼出来这种情况出现时，来回疏通拔出硅石；或将出硅炉眼里的硅石用电弧烧穿器加热熔化。

5.3.2.8　还原剂过剩

还原剂过剩的表现：电极位置抬高，从电极下部喷射出强烈火光，电炉发出吼叫声，坩埚缩小，炉料沿电极局边塌陷频繁，沿电极周围没有石英玻璃丝，电极电能输入稳定，炉渣少，硅液流出量少，硅液温度降低。

在炉料中持续过量还原剂操作，会引起料面炉料冷凝，炉渣结壳和生产率突然下降，过量还原剂通常容易被发现。

为了纠正这种情况，炉料中还原剂用量应适当减少，在一、二批炉料中减少还原剂加入量（即称重料批中），尽量避免单独加纯硅石，而使用比每批正常炉料少10%～30%炭粒的炉料，同时炉口料面操作应积极活跃。

冶炼工业硅时坩埚中的炉料不黏结，是有过量还原剂，炉料疏松且容易经常塌料。炉口料面火焰的颜色呈暗红色，出硅炉眼“发干”，即扎眼钢钎无液体连接征兆，也没有钢花飞溅。这种不正常情况用减少炉料中配碳数量的调整方法来消除。

冶炼工业硅时炉料中长时间还原剂过剩会导致出现碳化硅，这种碳化硅应从电炉中尽快消除，为此在电极周围的炉料应该熔化，然后用钢钎把碳化硅从坩埚上部挑出来。如果这种操作不成功，碳化硅应被破碎并将块状碳化硅投入到电极下部使其熔化分解。

如果有相当多的碳化硅堆积，电炉应该在不加料的情况下干烧2～4h。在电源被切断之后，炉膛内用气压钻镐帮助清除碳化硅，然后送电恢复正常操作。

5.3.2.9 电极过短操作

电极过短操作在特征和效果方面与还原剂过剩相似。火红的火焰从电极下部喷出来，坩埚变窄下塌，电弧有嗡嗡叫声，炉料沿电极边缘塌落，硅水急剧减少温度下降。电极应该及时下插和立刻增加电极工作端的长度。

5.3.2.10 电极过长操作

过多的插入电极会增加电能的损失；在电极插入深度过长情况下，电极下插到炉渣中，电弧消失，电炉不反应熔化炉料，大量电能被浪费掉；而且过长的电极操作通常引起炉料发死；这种情况电极下放长度应该缩短，以便补救恢复到正常位置上。有的操作者倾向下插电极，实质是应该把电极插到电炉中正确位置上冶炼。

在所有不正常情况下，应检查原料规格大小，应和生产要求标准一致，因为从外表特征看，粗大颗粒低灰分煤操作和过剩碳操作现象相类似。粉末太多也同样造成隐性缺碳事故。称量设备要准确，炉料配比要正确。还原剂的水分含量要一致，否则造成偏料。而且应该注意集中在炉口料面强化操作上，因为在炉料配比和质量符合正常操作要求时，电炉不正常现象多是由于炉口料面操作技术不正确、不过关导致的。

改变炉料的性质、破坏规定的熔炼制度以及操作方法不当等都会破坏电炉的正常运行，出现异常炉况。

经常检查原料的质量，注意观察电炉运行情况和仔细分析炉膛上部料面发生的变化，便能够查明出现各种炉况的原因、及时恢复正常熔炼。

5.3.2.11 电极事故处理

不论是石墨电极还是碳素电极都会不同程度地出现电极事故，有些企业电炉操作工艺比较成熟可能几年不发生电极事故；有些电炉则电极事故频繁。石墨电极发生事故较少，相对而言碳素电极发生事故较多。

电极事故可分为两类，一种是冷断，电极在铜瓦以上把持器筒内的断裂；另

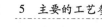

一种热断是电极在铜瓦以下的断裂。

冷断的主要原因有：(1) 在运输和加工过程中，电极有较严重的损伤；(2) 在加接电极时，上下电极的接头有较重的碰撞；(3) 压放装置发生了位置错位或形变，造成把持器与压放装置同心度不够；(4) 制造厂家加工的两节电极之间的同心度超过误差范围，精度不够；(5) 电极本身质量问题，抗折强度不够。

一旦发生电极冷断后要及时处理，在装电极平台上能提出的电极最好提出；如不能提出，要根据电极长度增大铜瓦压力，保证电极不下滑，然后继续恢复生产；计算好断裂部位到达铜瓦内部位置的时间，采取措施停电处理。处理前要防止断头从铜瓦中压出或滑落而致使损伤铜瓦。

热断的主要原因有：(1) 电极工作端太长，电极质量过大；(2) 一次性压放量过大，电极电流上升过快；(3) 故障热停后重新送电时电极没充分预热，负荷过大，造成热应力断裂；(4) 电极接头连接力不够，造成上下接头间打弧；(5) 电极质量问题，如比电阻过大，强度较低，热变形膨胀系数过大；(6) 捣炉等外部机械力造成断裂。

热断后要以最快的速度进行处理，当电极断头在料面以上时必须将电极从炉内拉出，这一点对小电炉尤为重要。当电极断头在炉料中较深无法取出时，可采取爆破处理后分块取出，实在取不出的小块可压入炉内。

当断裂电极从炉内拉出后，压放新电极到一定的长度，然后送电焙烧，新电极的升温一定要遵照电极升温曲线进行，或者用厂家提供的升负荷电流速度进行焙烧，不能过快，否则就会引起二次电极断裂。

5.3.2.12 其他异常炉况和事故的处理

其他异常炉况和事故的处理详见表 5.2。

表 5.2 异常炉况和事故的原因及处理方法

异常炉况或事故	产生原因	预防及处理方法
炉内部件打弧或漏水	(1) 装置的电流密度超过允许值；(2) 接触不良；(3) 绝缘破坏；(4) 水压低或水路不通畅，冷却效果差、部件温度高；(5) 操作时碰坏	(1) 及时调整电流，不要超过规定值；(2) 下放电极经常吹灰；(3) 保持水路通畅；(4) 及时修复或更换损坏部件
电极失控自动下滑	卡具失灵	立即停电检修
电极被黏住	停电后电极长期不活动被黏料黏住	(1) 停电后适时活动电极；(2) 未黏住的电极抬高送电，通电熔化

续表 5.2

异常炉况或事故	产生原因	预防及处理方法
石墨或碳素电极的接头处氧化严重或折断	(1) 接头处衔接不好，有灰尘；(2) 电极质量不好或潮湿；(3) 电流密度超过允许值；(4) 电极中心线不重合；(5) 炉内炭量过剩、电极消耗过慢	(1) 接电极时，要先吹净灰尘，电极接好后拧紧；(2) 受潮电极要较长时间加热干燥或用质量好的电极；(3) 改变配料比，加快电极消耗，电极氧化严重的部分尽快埋入炉料；(4) 电极如氧化十分严重或折断，应停电拉出，在放入新电极
非出炉时间熔体硅液炉眼自动流出	炉眼小，且有黏渣，造成炉眼堵得浅，没封闭炉眼	(1) 每次堵炉眼，要堵深，堵实；(2) 如离出炉时间较近可做出炉处理；(3) 清整炉眼，用焦粉或碳粉重新堵好
出炉炉眼上部陷膛	(1) 出炉时，炉眼喷火严重，上部耐火砖烧损；(2) 炉口砌筑质量差	(1) 长期喷火严重，可用焦块堵炉眼；(2) 对陷膛处可用镁砂或底糊等填充
出现明显的"死相"	(1) 电气制度不合理；(2) 炉内偏料	(1) 长期出现固定的一相发死，应从电气制度上检查；(2) 及时调整炉料，防止发生偏料
炉壁烧穿或漏炉	炉内衬严重破损，使熔体硅液从炉底砖或侧壁的砖缝流出	(1) 停电大修；(2) 炉底炭块以上发生漏炉，生产又要连续，可将漏炉处上部的耐火砖清除，用底糊捣固或用镁砂补好

5.3.3 维护

工业硅电炉炉眼的外面部分称为炉嘴。由于出炉时的电弧烧穿及人为的捅碰，加上高温氧化，炉嘴极易损坏，因而炉嘴是炉体结构中的易损部分。10000kV·A 工业硅炉的炉嘴捣固糊一般使用 5~8 天就得修理。日常的维修处理作业在出炉后立即进行。堵塞好炉眼后先用铁钎把已损坏炭块撬下，镶上新炭块，再把底糊碎块塞入缝中，并捣固封严，随着电炉运行，待温度升高捣固糊烧结后即可使用。

熔炼工业硅的电炉经过一段时间的运行后，往往因操作不当或配料比不合理等原因致使炉内生成过量碳化硅，炉内坩埚变为直筒形，影响炉料下沉，电极上抬，产量降低，各项指标变坏。如采用调整配料比等方法不能消除时，就得停止加料，处理炉内碳化硅，进行电炉小修。

电炉小修前停止加料，通电干烧清理炉内坩埚，同时连续出炉，排出沉积在炉底及两侧的难熔物。出炉口也要用烧穿器处理，使之达到规整通畅。在电极接近炉底、炉口通畅时，停电终止干烧，清理坩埚四周的硬结壳。

小修时间一般为8h左右，起吊系统要更换磨损严重的滑轮和钢丝绳，润滑部位加足润滑油。电极装置和冷却系统更换待换的钢瓦、接头和阀门，修补夹紧环和冷却水管等损坏部位。更换下料系统或修补烧损严重的料管，捣炉机的捣杆、传动机构和抬包车的不良部位也应检修。

机电设备也应进行必要的检修，应清理电气系统的母线及变压器的灰尘，检查电炉各部位的绝缘情况，处理性能不良的绝缘部位，检修配电系统的有关部件。

小修各部分的工作完成后，再送电干烧1～2h，即可加料恢复正常生产。电炉小修根据生产过程的实际需要而定。某些企业是一个月左右时间小修一次，但也有少数企业因操作精心，配料比掌握得合适，长达16个月没进行干烧和清炉，只是每个月利用1～2h在不停电情况下打掉炉膛上部硬壳，扩大下料区后继续生产。

停炉操作是一项重要的生产工艺。停炉前应流尽硅水，料批中适当增加玉米芯或木块配入量。若停炉超过8h，停炉前要适当降低料面；为保持电炉温度，停炉前先捣松料面加入玉米芯等，加入量视停炉时间长短而定，一般加50～100kg。停炉时间长，还可以加一定数量的木炭或低灰分煤保温；为防止炉料将电极黏住，停电后要上提电极，然后向电极四周的空隙内加入木块，再下插到原来位置。停电时，要活动电极，以免炉料黏住电极。

5.4 改善工业硅生产技术经济指标的新途径

改善工业硅生产技术经济指标的新途径如下：

（1）减少木炭用量，扩大煤的应用。目前采用木炭、石油焦、烟煤、木块等碳素材料按一定比例混合作还原剂，但总的来看，木炭占的比例比较大，而煤的用量不多。这主要受到煤块灰分含量高的限制。近几年，我国有些烟煤的全矿层灰分含量只有3%～5%，接近木炭的灰分含量，而且反应活性好。进一步研究这种煤的性能特点，扩大其在还原剂中的应用比例，是很有发展前途的。

（2）采用无铁自焙电极或碳素电极。现在我国中小型工业硅电炉大都采用石墨电极。这种电极虽然杂质含量少，可以保证产品质量，但费用高，限制了电炉的扩大。为了解决这一问题，国内已开始研究新式结构的自焙电极或组块式碳素电极，同时解决好电极糊配方问题，尽量减少带入炉内的杂质。

（3）采用矮烟罩进一步解决烟气净化问题。矮烟罩有利于隔住辐射热，改善操作环境，延长软母线等短网使用寿命。

（4）采用直流电炉冶炼。直流电炉具有炉底温度高、能减缓炉底上涨、电极消耗低及元素回收率高等优点。

6 工业硅的精炼

工业硅广泛应用于冶金、化工、电子等行业，其生产方式是在矿热炉中以硅石和碳质还原剂原料冶炼制得，随炉料带入炉内的其他元素在还原硅元素的同时亦被还原，并且溶入硅液中，因此工业硅中存在着多种金属杂质。这些杂质在原料部分将详细介绍。炉料中含量最多的杂质是铝和钙，在工业硅生产中随炉料带入铝量的70% ~80%和钙量的50% ~60%将被还原进入产品，这些杂质的存在严重影响工业硅的性能和使用。随着科技生产的进步，对杂质含量的限制越来越严格。

一般在原料、冶炼制度和操作等因素都较合适的情况下，经电炉熔炼生产的工业硅，质量可以满足配制合金等需要。但当原料的品位低、质量差，或者用于制取质量较高的特种钢、有机硅以及某些新材料时，电炉熔炼生产的工业硅往往不能满足要求，需进行精制。

精制工业硅的方法很多。如以工业硅为原料，用氢还原三氯氢硅的西门子法或硅烷法等制取多晶硅或单晶硅半导体材料，这些精制方法提纯效果很好，但过程相当复杂，生产成本较高。本章所述的工业硅精制是指在工业硅生产过程中，通过简单处理，使硅中杂质含量和结晶状态等达到要求，比半导体材料工业的精制方法简单得多。

在工业硅生产过程中进行工业硅精制，不仅可以提高产品质量，还可以放宽对原料和还原剂的要求，电极类型也可以改变，这对扩大原料和还原剂的来源、增加产量、降低成本也有重要意义。

6.1 杂质的来源及影响

6.1.1 杂质的来源

生产工业硅的原料主要有硅石、碳素电极或石墨电极、碳质还原剂（包括低灰分烟煤、石油焦、半焦、木炭、玉米芯或木块、椰壳、松塔、甘蔗渣等）。

硅石矿物成分主要为石英（晶质SiO_2）和玉髓（隐晶质SiO_2）。为块状或粒状集合体，三方晶系，六方柱晶形。呈无色、灰褐、黑、紫、绿、粉红色。晶面玻璃光泽，断口油脂光泽，贝壳状断口。分子式为SiO_2，有少量的Fe_2O_3、Al_2O_3、CaO、P_2O_5、MgO和有机物。纯质的脉石英和石英岩其SiO_2含量可达98% ~99%，石英砂岩为95% ~97%。

用于冶炼工业硅生产用硅石质量要求见表4.2。

在工业硅生产中使用的硅石应符合如下要求：

（1）二氧化硅含量不小于97%，最好为98%以上；

（2）形成炉渣的杂质（Fe_2O_3、Al_2O_3、CaO、MgO 等）的含量尽可能少；

（3）P_2O_5、TiO_2 等含量不大于0.02%；

（4）硅石中不应该带有效土杂质；粒度为25～150mm；

（5）当破碎或加热时，硅石应有足够的强度。含碳高的硅石（含有0.5%～0.7%）不适合于冶炼，由于加热时它们产生爆裂，从而影响了炉料的透气性要求，硅石抗爆性要好。

硅石中的 Al_2O_3 是一种有害的杂质，含 Al_2O_3 量高的硅石会使炉料烧结，渣量增加且难以排除，同时工业硅中含铝量高；含铝量高的工业硅不利于有机硅和半导体材料的生产。除了硅石本身含有 Al_2O_3 外，硅石表面黏附泥土也是 Al_2O_3 含量升高的一个原因，因此硅石的清洗显得格外重要。

磷和钛同样是有害杂质，原料中的 P_2O_5、TiO_2 绝大部分（80%）进入工业硅，磷使产品易于粉化，磷和钛还影响有机硅合成生产的催化剂正常工作。

Fe_2O_3、Al_2O_3、CaO 也是成渣氧化物，同样影响产品质量，影响炉况运行。对硅石中的氧化铁的还原使单位电耗略有增加。原料的铁几乎全部进入工业硅，并且无法除去，所以硅石中的铁是需要严格控制的。

硅石在上料前需彻底清洗、筛选、晾干。况且绝大部分北方的工厂，冬季不便于硅石的开采和清洗，为了越冬，贮备大量的干净硅石是必要的，这样才能保证生产出好品级的工业硅，创造更好的经济效益。

产地不同的硅石配合使用可以提高硅石的反应活性，降低单耗，增加产量，同时控制了产品中的各种金属元素的含量，这一点各企业在生产中已经总结了丰富的经验，都在采用各种硅石复配的方法组织生产。

6.1.2 还原剂

碳质还原剂——石油焦、半焦（低温焦）、低灰分烟煤、木炭（或木块米芯、甘蔗渣、椰子壳、松塔等）是生产工业硅的主要还原剂。在碳质还原剂化学成分中，主要应该考虑的指标是固定碳、灰分、挥发分和水分，而杂质主要在灰分中，碳质还原剂的灰分主要由 Al_2O_3、CaO、SiO_2、Fe_2O_3 等氧化物所组成，其中 SiO_2、Al_2O_3、CaO 占相当大的比例。碳质还原剂的灰分过高，易使炉内料面渣化烧结，影响料面透气性。碳质还原剂的灰分过高还是电炉渣量增加、炉渣变黏的重要原因。炉内渣量增加，炉渣变黏，难以排除，炉况恶化，电能和原料消耗增加。同时工业硅中有相当一部分铁、铝、磷，来源于灰分中的 Al_2O_3、P_2O_5 和 Fe_2O_3，工业硅电热车间的工作经验表明，木炭灰分中的氧化铁几乎完全被还原，氧化铝被还原85%，氧化钙被还原15%。因此碳质还原剂灰分高低会严重影响工业硅质量和技术经济指标，要求碳质还原剂灰分越低越好。

6.1.3 电极

工业硅生产中由电极带入的杂质主要为电极灰分引起的，电极采用了低灰分的炭质材料，因此电极带入的杂质是相当少的。

挥发性的杂质在加热的前期，物料中的水汽、化学上可以组成 H_2O 的物质以及半焦、煤、石油焦、木块、玉米芯等挥发分（H_2O、H_2、CO_2 和 CH_4 等）均被电炉深处高温区域产生的 CO 气体带至炉料的表面。

6.1.3.1 氮

氮存在于还原剂中的有机物中，在400℃以上遇到碱金属蒸气时生成碱金属氰化物（KCN 或 NaCN），当然如果在1300℃以上的区域还有氢存在的话，将生成 HCN 气体。Jalkanen 认为如果没有上述元素，氮在高温下将以 CN 和 C_2N 气体的形式逸出。对于密闭炉，氰化物的排放可能导致环境问题，但在开放式电炉和半密闭电炉中，通过燃烧可解决问题。

6.1.3.2 硫

硫同氮一样也是还原剂固有的杂质，不过同时也存在于矿物中，如黄铁矿。存在于有机物中的硫在加热的前期以 H_2S 或 COS 的形式同黄铁矿分解释放的单质硫一同逸出，剩余的硫以金属硫化物的形式存在于电炉中直到金属生成的温度，部分转化为气态的 SiS(g)。表明98%~99%的硫以气体形式逸出。

6.1.3.3 磷

磷对产品质量的影响很大，也是有机物中固有的元素，在矿物中主要以磷灰石［$Ca_3(PO_4)_2$］的形式存在。

磷的氧化物在氧化气氛下约300℃时以 $P_2O_{10}(g)$ 形式挥发，不过C/CO存在时在更低的温度下反应生成 P_2O_3。这种化合物在 C/CO 存在时可留在炉内直到约1250℃，这时主要存在形式为 $P_2(g)$。$P_2(g)$ 也是磷在907℃蒸发时的主要存在形式。随还原剂进入工艺的磷基本上都被转化为气态逸出，真实状况也是如此，在工业硅工艺中磷仅以单质杂质存在而并无如 Fe、Mn、Ca 的金属化合物。至少在磷灰石分解的区域，金属态的 Fe 将同气态的 P_2 反应，因此将磷带入金属相。从液态钢的热力学可知 Si 在 Fe 中增加了磷的活度系数。这意味着 Fe 在 Si 存在时携带磷进入炉底的有效性降低。剩余进入熔池液体的全部磷将被出炉的金属带出来，对于 Si 含量为25~50mg/kg。Miki 的实验显示单原子和双原子分子 P_2 在1600℃及50mg/kg 的 Si 中的蒸气压为（8~10）×101.3kPa。这表明磷在环境压力下的蒸发速率是极其慢的。

6.2 工业硅的精炼

控制工业硅中杂质含量的方法是精料入炉、硅熔体精炼处理。工业硅的精炼方法有氯化精炼和氧化精炼。采用氯化精炼法可使杂质大幅度下降，得到高纯工业硅，是一种除掉杂质钙、铝的行之有效的方法，但是吹氯后排出的气体对环境污染严重，必须经过净化处理，其流程极为复杂，造价高，因此氯化精炼法已被逐渐淘汰。采用氧化精炼操作方法较简单，精炼设备易于解决，成本低，对环境无污染，但杂质的脱除率比氯化精炼法低。铝、钙、磷和钛都可用精炼的方法降低，铝、钙可除去70%以上，但目前工业硅中的铁还没有可行的方法降低。

6.2.1 氯化精炼

氯化过程一直是冶金工作者特别关注的问题，这是由于许多金属特别是其中某些稀有金属的氯化物，具有熔点低、挥发性高、易于由其氧化物或碳化物生成具有特殊性质的物质，使得很多冶金过程变为可能。

近年来，由于有了相当低廉的氯气来源，氯化过程也就得到更为广泛的应用。将氯气通入熔硅中进行精炼的作用可分为物理作用和化学作用。

6.2.1.1 物理作用

当有气体通入熔硅时（包括惰性气体），可使熔硅中的微粒杂质（非金属态）在有新相气泡的条件下更易于互相集聚成大粒渣相，由于密度的差异，在熔硅中上浮或下沉，以达到除渣的效果，但这种物理作用对已与硅生成互熔体或化合物的金属元素态的杂质是无能为力的。

6.2.1.2 化学作用

对金属元素态杂质的氯化在适当的温度下，金属元素与氯的反应都能自动进行，并放出热量，它们的氯化物的标准生成等压位与温度的关系如图6.1所示。几种元素的氯化物在标准状态下的生成热列于表6.1中。

表6.1 几种氯化物在标准状态下的 ΔH 值

氯化物名称	$SiCl_4$	$FeCl_3$	$AlCl_3$	$CaCl_2$	$CuCl_2$	$MnCl_2$	$TiCl_4$
$\Delta H/kJ \cdot mol^{-1}$	157.08	130.42	234.94	400.03	111.61	233.24	188.94

多种元素同时存在时，不是所有金属都能按质量比与氯进行反应，生成相应的氯化物。在一定温度下，各种金属与氯作用的速度与数量，取决于该温度下氯与金属的亲和力。亲和力越大则生成的氯化物热稳定性越高。通常用标准状态下氯化物的标准生成值来定量地判定氯化物的热稳定性。从图6.1可以看，等压位负值越大其氯化物也越稳定。在抬包中熔硅温度为1500～1600℃，氯化物的热稳

定性次序排列如下：

Ca，Mg，Al，Ti，Fe^{2+}，Si，Fe^{3+}，Cu，Cr

←稳定性渐增

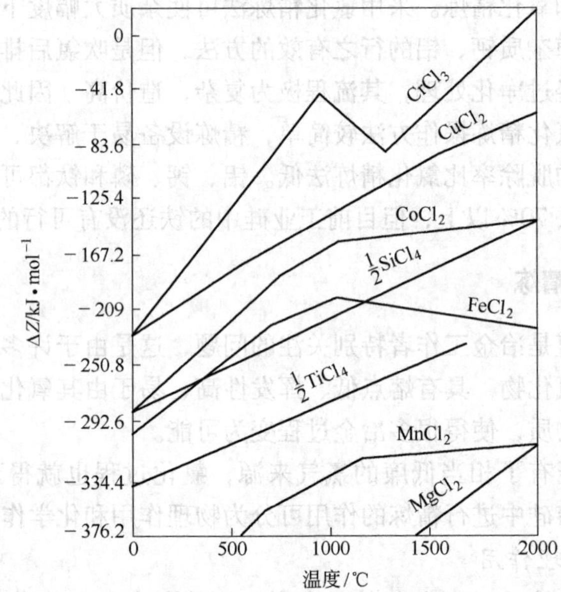

图 6.1 金属氯化物的标准生成等压位与温度的关系

且低价氯化物比高价氯化物稳定（如铁的氯化物），排在后面的金属都能被前面的金属所还原。如：

$$1/2Si + Cl_2 = 1/2SiCl_4 \qquad \Delta H^\ominus = -205.8kJ/mol \tag{6-1}$$

$$2/3Fe + Cl_2 = 2/3FeCl_3 \qquad \Delta H^\ominus = -158.9kJ/mol \tag{6-2}$$

由式（6-2）可得：

$$1/2Si + 2/3Fe = 1/2SiCl_4 + 2/3FeCl_3 \qquad \Delta H^\ominus = -41.8kJ/mol \tag{6-3}$$

由于在硅抬包中有大量硅存在，所以氯化精炼对降低铁含量的效果很不明显，即生成 $FeCl_3$ 被抬包中大量存在的硅所还原，生成的 $SiCl_4$ 挥发掉，而铁留在硅中，从氯化物的热稳定性可知钙的氯化效果最高，铝次之。

氯化过程除与温度有关外，根据质量作用定律，对于 $Me(l) + Cl_2(g) = MeCl_2(g)$。

反应的平衡常数：

$$K = \frac{\alpha_{Me} P_{Cl_2}}{P_{MeCl_2}} \tag{6-4}$$

式中 α_{Me}—该金属活度；

P_{Cl_2}，P_{MeCl_2}——分别为氯气和该金属氯化物的蒸气压。

氯化过程还取决于该金属的含量（即金属活度）。容易与氯作用的金属元素，若含量很少时，也难以被氯化，这就意味着在杂质元素氯化后挥发逸出降到一定低限含量后，再通入氯气，只会造成大量的硅损失，而进一步降低杂质含量的作用甚低。这就要求我们在氯化过程中要及时掌握硅中杂质元素的瞬间含量，也就是氯化操作中的杂质预测。

氯化物的热稳定顺序，并不意味着只有热稳定性强的金属元素全部生成氯化物后，它后面的金属元素才相继氯化，亲和力强的元素只表明它的氯化速度较快和生成的氯化物数量较多而已。

金属氧化物和氯的作用次序与相应金属元素与氯的作用次序并不相对应。如在 $Me-Cl_2$ 体系中 Al、Si 元素易于与氯发生反应；而在 $MeO-Cl_2$ 体系中 Al_2O_3、SiO_2 则属于难还原之列，表 6.2 列出金属氧化物与氯在 500℃和 1000℃反应的焓变。

表 6.2　$MeO+Cl_2=MeCl_2+1/2O_2$ 的 $\Delta H^{\ominus}$

氯化反应	$\Delta H^{\ominus}$/kJ · mol^{-1}	
	773K	1273K
$CaO+Cl_2=CaCl_2+1/2O_2$	-142.188	-112.968
$MnO+Cl_2=MnCl_2+1/2O_2$	-51.463	-42.422
$FeO+Cl_2=FeCl_2+1/2O_2$	-31.799	-21.757
$1/3Fe_2O_3+Cl_2=1/3FeCl_3+1/2O_2$		16.736
$1/3Al_2O_3+Cl_2=2/3AlCl_3+1/2O_2$	66.107	39.330
$1/2TiO_2+Cl_2=1/2TiCl_4+1/2O_2$	79.496	66.526
$1/2SiO_2+Cl_2=1/2SiCl_4+1/2O_2$	101.671	89.578
$1/3Al_2O_3+1/2C+Cl_2=2/3AlCl_3+1/2CO_2$	-131.670	-158.741

从表 6.2 可以看出 CaO 的 $\Delta H^{\ominus}$ 值较负，极易氯化；Al_2O_3 在 1273K 时仍为正值，难以氯化；FeO 和 Fe_2O_3 在硅熔点温度 $\Delta H^{\ominus}$ 接近负值，但硅中杂质铁近乎 100% 以金属铁存在，所以氯化精炼对出铁的效果不明显。在有游离碳存在时，部分金属氧化物的氯化反应成为可能，如 Al_2O_3 在游离碳存在时，在 773K 和 1273K 的 $\Delta H^{\ominus}$ 为负值，氯化反应成为可能。

综上所述，可以得出如下结论：

对杂质钙来说，无论是金属态还是氧化物态均极易与氯反应，且氯化速度快，氯化精炼除钙的效果也明显。对于杂质铝，以金属态存在的，有一部分易氯化除去，而以氧化物态存在的，只有在有游离碳存在时，才能除去。但硅中游离碳毕竟是有限的，即碳也与氯作用，且气态杂质又近乎一半是以氧化态存在，所以氯化精炼除铝的效果一般。对杂质铁，硅中铁均以金属态存在，但铁的氯化物的稳定性又比硅的氯化物高，被硅所置换，所以氯化除铁的作用甚微。

上述三种杂质是硅中主要杂质，其他杂质元素不一一分析列出介绍。实际情况与上述理论分析也是十分吻合的。表6.3为氯化前后的杂质含量。实际情况表明，对800kg容积的硅抬包，通氯时间可选在20～50min，氯气流量可为1000L/h。如再增加氯化时间或氯气流量，除杂质的效果并不会明显增强，而相反会造成较大的硅损失。保温抬包中，在工艺允许的条件下，在相等的氯气单耗下，增加氯化时间，流量相应减小，对氯化效果是较为合理的。为提高氯的利用率，减少污染，采用氯氮混合或氯氧混合的方式也能收到较好效果。

表6.3 氯化前后硅中的杂质含量

氯化时间/min	氯气流量/L·h⁻¹	氯化前/%			氯化后/%			氯化率/%		
		铁	铝	钙	铁	铝	钙	铁	铝	钙
20	750	0.224	0.162	0.440	0.218	0.105	0.135	2.7	35	69
20	1100	0.308	0.169	0.430	0.406	0.081	0.025	-32	52	94
20	2400	0.308	0.169	0.430	0.350	0.067	0.025	-13.6	60	94

该方法是使工业硅中的杂质生成氯化物而除去，即所谓“选择性氯化”。首先氯化的是钙，其次是铝，待两种杂质氯化达到平衡时，硅才发生氯化反应。氯化精炼工业硅可使Al、Ca含量降至微量，磷和钛含量可降低50%左右。氯化精炼法通常使用石墨管插入硅水包中将氯气吹入进行精炼，用量大约在16kg/t工业硅。用氯气精炼可达到很高铝脱除率，但氯气毒性大，给操作上带来许多困难。有报道使用$SiCl_4$和CCl_4作为氯化脱铝剂与其他气体混合吹入操作的。

6.2.2 氧化精炼

氧化精炼法是通过杂质被氧化的反应过程来实现去除杂质的，属于一种选择性氧化。在相同的氧压和温度下，钙与氧的亲和力最大，铝次之，硅再次之，而铁最弱，所以氧化反应顺序也如此，又因为硅的活度$\alpha_{Si}=1$，故硅的氧化保护了铁不被氧化除去。精炼过程热力学分析的对象确定为Si－Ca－Al－O系，即三元合金Si－Ca－Al和三元炉渣$SiO_2-CaO-Al_2O_3$。实际上体系内的其他元素如铁，并不影响热力学分析结论。在一定温度下精炼炉渣的成分选择好后，与之平衡的三元合金中Ca和Al的浓度就是一定的。理想的过程是元素氧化放出的热和精炼过程中的散热基本平衡，即过程中无需外加能源，也不能使精炼温度太高，温度太高硅损失较大。使用的氧化物可以是氧气、空气、二氧化硅等，加入二氧化硅也可防止氧化过程中硅的烧损。

国内外采用的氧化精炼法有合成渣氧化精炼和吹气氧化精炼。

6.2.2.1 合成渣氧化精炼

合成氧化精炼需要给硅水包中加入合成渣剂，这些材料必须具有脱铝性好、能抑制硅的氧化、有适当的流动性、炉渣易于上浮等性能；常用的有石英粉、石灰等。在出硅时，边出硅边向硅包内撒入少量合成渣剂，浇铸前及时扒渣。为了减少硅的氧化，在精炼期间可适当加入1%～10%的碳化硅粒，以控制硅的氧化。这种方法个别企业仍在使用。

6.2.2.2 吹气氧化精炼

吹气氧化精炼这是一种普遍推广的精炼方法。有单独用空气精炼的，也有单独用氧气精炼的，多数工厂采用氧气和空气混合精炼。为了降低工业硅产品中的钙、铝含量，根据各地气源的情况，可适当选用氧气底吹精炼法、氧气+空气顶吹精炼法、氧气+空气侧吹精炼法、氧气+空气底吹精炼法等其中的一种。如果要求达到电子级工业硅，也可用氧气+空气底吹和顶吹氯气的综合法。

氧气+空气底吹精炼法是一种经济而理想的方法，下面给予论述：

（1）氧气精炼的基本原理是选择性氧化，即在相同的气压和温度下，氧选择在熔液中与其亲和力由大到小顺序的诸元素进行氧化反应。根据有关资料计算硅熔液中各主要元素与氧亲和力由大到小的顺序为Ca、Al、Si、Fe。硅熔液中的钙、铝经氧化后生成氧化钙和三氧化二铝而成为熔渣，参照$SiO_2-CaO-Al_2O_3$的渣-金平衡图可看出，当$w[Ca]<0.05\%$、$w[Al]<0.3\%$时三元系$SiO_2-CaO-Al_2O_3$熔渣的成分范围很宽，说明将工业硅中的钙降至0.05%以下，铝降至0.3%以下是可能的。

（2）底吹精炼工艺底吹硅水包在底部要放置分散的吹气孔，这些气孔可用石墨管或铜管制成，砌筑在耐火砖内，外部用耐压胶管连接至气源。规模小的工厂可以氧气瓶组和空压机作为气源，用压力表、流量表、截止阀、节流阀等组成联合调节控制阀组以及无缝钢管、不锈钢波纹管、胶管等组成底吹供气系统。供气系统操作分为电控和手动两种方式。打开炉眼前先向包中通入压缩空气与氧气混合的富氧气体。随着炉内硅熔液的流出，逐渐向包内投放混合清渣剂（由65%石英和35%的焙烧白云石组成），并加大富氧气体的压力。出炉完毕混合清渣剂亦同时投放完毕。底吹气体转为纯氧。纯氧底吹10～20min，然后保持底吹气体压力不变加入空气，减低底吹气体的含氧量，以控制硅液温度并获得良好的底吹气体作用，再吹10～20min后，抬包内硅液温度降为1500℃时可以用木棒扒渣，并开始浇铸，浇铸完毕才能停止吹气，否则会造成黏包和吹气管堵塞。大型企业要有自己氧气站和空气站才能保证正常生产。工业硅需耗氧气3～5m^3/t，压缩空气耗量2～4m^3/h，供气流量7～9m^3/h。工业硅出炉温度约为1800℃，包内吹氧精炼温度控制在1600～1800℃之间，吹气搅拌期间温度控制在1500～1700℃之间，扒渣浇铸温度控制在1450～1500℃左右。采用底部吹氧配加合成渣的方法，可使工业硅中的Ca及Al分别脱除90%和76%，为生产优质工业硅提供了一条行之有效的工艺途径。

底部吹氧工艺流程短，方法简便，不需要增添复杂昂贵的设备，吹氧操作简便，生产人员易掌握。顶部吹气精炼要有带孔炭棒插入硅水包中吹气，由于温度高、危险性大，应用的较少。侧部吹气精炼介于上述二者之间，一般将吹管安在侧底部。判断精炼是否达到目的，通常采用以下经验判断，将铁棒迅速在精炼硅水包中蘸试，铁棒表面形成的硅膜光滑显示已达到效果；表面针状或鳞片状表示含钙量高。或者观察硅包中精炼硅水表面，翻滚硅液表面呈小浪花即达到目的，有大浪花显示精炼不彻底。或者观察硅包上部挥发的硅蒸气，气体明亮、气泡闪亮精炼不彻底，气体气泡发白精炼合格。挪威 Elkem 公司的精炼技术是很优秀的，可以根据原料中 Al、Ca 的情况，通过精炼时加入称量的铝锭或钙，就可以进一步控制工业硅中的这些杂质含量进行平衡精炼，对工业硅中的其他微量元素进行分析控制，采用独特的技术进行处理，降低了这些元素含量，因此这家公司生产的工业硅质量远远好于其他公司。工业硅浇铸冷却后需要精整，精整是将硅锭上部和底部进行除膜的过程，采用人工铲除或机械刨削的方法将表面不光滑的硅除去，通常这层膜含有大量的杂质，如果不精整处理，会造成其他产品的污染。经过精整后将硅块破碎成要求的规格或者磨成硅粉包装贮运。水法粒化工业硅，保持了产品表面的干净整洁，有些工厂在使用该技术，但设备要求复杂，运行维护工作量大。

6.2.3 熔剂精炼

为了更好地去除硅中杂质，一些研究者还进行了在熔融硅中添加不同物质的试验。小原梅治郎提出，在工业硅中加入（质量分数）Na_2O 5%～50%和 SiO_2 50%～95%组成的絮凝剂，或者由（质量分数）Na_2O 5%～50%和 SiO_2 50%～95%，以及 MgO、CaO 低于35%组成的絮凝剂。加入这种絮凝剂后，可使熔渣的熔点从原来的1450～1480℃降到1000℃左右，同时还可使熔渣的比重降低，改善其黏度和表面张力。这样更有利于熔渣和硅的分离。这种絮凝剂实际是由苏打灰、白云石、硅石、生石灰和蛇纹岩或碎玻璃等配成。絮凝剂的添加依其成分的不同而异，一般为被精制工业硅的10%～20%（质量分数）。熔体加热和保温系采用低频炉。如把刚出炉的液体工业硅 500kg（质量分数 Si 98.31%，Al 0.192%，Ca 0.471%）直接加入低频炉内，加入絮凝剂 75kg（质量分数 Na_2O 11%，SiO_2 61%，CaO 28%）在1600～1650℃下搅拌15min，结果制得质量分数分别为 Si 99.76%，Al 0.009%，Ca 0.01%的工业硅。熔渣的成分为（质量分数）Na_2O 8.31%，CaO 28.3%，SiO_2 60.7%，Al_2O_3 0.51%，其他2.18%。

H. M. 谢德赫等人介绍了全苏铝镁设计研究院伊尔库斯克分院与第聂伯铝厂合作用合成熔剂精制硅的情况。所用合成熔剂含 SiO_2 65%～70%，Na_2O 10%～14%。认为这种合成熔剂对硅呈惰性，能很好地使铝、钙氧化和使非金属夹杂物积聚。他们对这种合成熔剂氧化还原杂质的动力学和熔渣在合成熔剂中的溶解速度等进行了研究。指出工业硅中的杂质以还原和未还原两种形态存在，还原的铝和钙由于它们与合成熔剂间发生氧化反应而被除掉。通过试验得出的结论是，熔渣在合成熔剂中经 40min 即可全部溶解；用合成熔剂氧化还原杂质，可除掉铝 83%，钙 92%。另外，他还进一步介绍了合成熔剂中添加氟化钙的研究结果。指出，在用 SiO_2 和 Na_2O 组成的合成熔剂精制硅时，为了降低其黏度，在它里面添加适量氟化钙。氟化钙的加入量根据熔剂氧化能力和密度计算而定。

在低频感应炉内的熔融硅合金中加入细粒的生石灰和硼砂的混合物或钙硼矿，借助感应搅拌作用，使熔融的 $CaO-B_2O_3$ 系熔剂与金属熔体接触反应，把铝除掉。使用的生石灰和硼砂混合物的比例，要达到使 $CaO-B_2O_3$ 的配合比为 30∶70 到 70∶30 范围内。使用的 $CaO-B_2O_3$ 系熔剂的特点是，熔点低，容易上浮分离，对除掉非金属夹杂物和铝都很有效。举出的实例是：把由 23000kV·A 电炉产出的液体硅铁直接注入低频感应炉内，再把破碎到 3mm 以下的生石灰和硼砂按 30∶70的比例混合好后加入低频炉内，进行 10min 搅拌，所得结果列于表 6.4。

表 6.4 加 $CaO-B_2O_3$ 系熔剂精制硅合金的结果

实验	熔体硅量/kg	熔剂量/kg	处理时间/min	处理前铝含量/%	处理后铝含量/%
1	2000	100	10	2.13	0.045
2	2000	50	20	1.98	0.05

日本还提出一种把冶金级硅制成太阳能级硅的精制方法。即把冶金级硅熔融后用碳酸钡、氧化钡或氢氧化钡处理，处理后把硅冷却、粉碎，并用稀的无机酸浸出，这样可把硅中的 Al、P、B、Fe、Ti、Cr、V、Zr 和 Ni 等杂质有效地除掉。碳酸钡、氧化钡或氢氧化钡的添加量随硅中杂质的不同而异，一般情况下应为硅量的 5% ~30%。这些添加物可直接加到已有液态硅的抬包内；也可先在抬包内加入碳酸钡、氧化钡或氢氧化钡，再把液体硅注入。

6.2.4 其他精炼

6.2.4.1 熔融静置精炼

这种方法是利用熔融硅和熔渣密度的不同，保持熔炼产物在一定时间处于始融状态，使其在静置过程中硅与熔渣自行分开。P. H. 拉古利纳等人介绍了利用炭粒加热沉降器和用煤气加热的抬包精制液态硅的情况。

在炭粒加热沉降器内使从炉内连续放出的硅保持在 1400 ~1440℃，硅的提纯程度曾达到很高，使硅渣中的钙在 85% 范围内，铝在 25% 范围内，而铁量很少。这种方法存在的问题是，由于沉降器的结构复杂，碳化硅内衬耐久性不够，导电部件和炭粒加热器本身使用期很短，所以在工业上的应用效果不好。

在煤气加热的抬包内精制液态硅时，抬包用中压喷射型直径7.3mm燃烧器加热，每小时向抬包供给煤气35m^3，抬包内衬用耐火砖砌筑，抬包上有盖，盖上浇铸溜嘴。为便于运输，抬包装设在小车上。开始加热前把抬包加热到1100℃，然后把抬包开到炉子出炉口下面。硅注入抬包时的温度为1550～1580℃，由抬包向外倾注时是1450～1480℃。精制后硅中铝被除掉约40%，钙被除掉约60%。

6.2.4.2 电子束真空熔炼

电子束真空熔炼是在真空环境中进行，利用电子束高密度能量保持硅熔体在熔融状态，在高于熔点的温度下，蒸气压高于硅的杂质就能挥发出去，如P和Al，并且电子束能量密度很高，可以实现局部过热，去除氧化物杂质，在1700K时（略高于硅的熔点），硅的蒸气压为0.0689Pa，而P的蒸气压为2.25×10^8Pa，因此可以利用真空挥发的方法将熔体硅中饱和蒸气压高于硅的杂质元素挥发去除。日本东京大学的T. Miki等人研究了真空除磷的热力学理论，并确定了在1723～1848K范围内P挥发的化学反应式及P溶解在Si熔体中的Gibbs自由能变化，表达式如下：

$$1/2P_2(g) \longrightarrow P(\text{硅熔体})$$

$$\Delta G^{\ominus} = -139000(\pm 2000) + 43.4(\pm 10.1T)\ (\text{J/mol})$$

日本东京大学的TakashiIkeda等人利用电子束提纯多晶硅，C的去除率为90%，P的去除率为93%，Ca的去除率为89%，Al的去除率为75%，并且随着电子束功率的增加，提纯时间的延长，提纯效果有所增加。巴西的J. S. C. Pires等人利用电子束熔炼设备，如图6.2所示，对2809纯度为99.88%的冶金级硅进行了提纯，制得了纯度为99.999%的硅材料，如图6.3所示。

图6.2 电子束设备

图6.3 提纯后硅样品

6.2.4.3 等离子体熔炼

电子束真空熔炼是在真空的环境下工作，主要是针对 P 元素杂质的去除，而等离子体熔炼可以灵活地改变工作气体，因此在熔炼的同时可以通入保护气体和反应气体来达到去除 C、B 元素的目的。

欧洲在 ARTIST 项目中采用等离子体熔炼来提纯冶金级硅，提纯装置如图 6.4 所示，该技术以纯度较高的冶金级硅（Upgraded Metallurgieal Grade Silicon, UMG－Si）为原料，在等离子枪和中频电磁感应加热装置共同加热下使硅料熔化。等离子枪发射等离子体加热条件下，以惰性气体为载体通入反应气体与硅熔体表面的 B 等非金属杂质发生反应，生成气体被抽真空系统排出。坩埚外面布置中频感应线圈在感应加热的同时，对硅熔体产生电磁搅拌，提高反应速率，加快生成气体的排出。其中，法国的 C. Alemany 等人用离子束来提纯冶金级硅，他们在利用离子束和感应线圈保持硅在熔融的状态下，通入 H_2 和 O_2 反应气体进行精炼提纯，研究结果表明 B 以 BOH，BO、BH 等形式挥发，其中 BOH 的挥发是最主要的，B 的浓度由 15×10^{-6}降低到 2×10^{-6}，C 与 O 生成 CO 被排出，因此利用等离子体氧化精炼可以很好地去除硅中 C 和 B 元素。经测试，提纯后的硅锭制成太阳能电池，其转化效率为 12.7%。各国研究者在研究等离子体提纯多晶硅时，主要差别在于熔炼时通入的反应气体不同，但气体中主要含有 H、O 两种元素，因此选择合适的气体组成与含量还有待于进一步的研究。

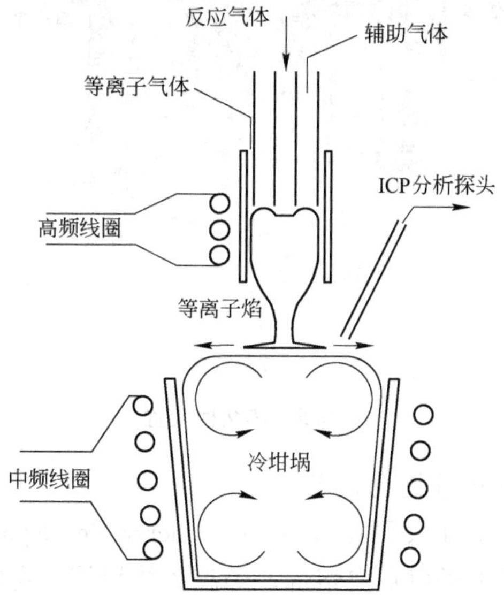

图 6.4 等离子精炼示意图

6.2.4.4 热交换法

热交换法（Heat Exchanger Method，HEM）是指在经过改进的热交换定向凝固炉中进行多晶硅提纯的方法，改进的热交换炉是在原有的定向凝固炉的基础上，新增了密封装置和吹气装置，可以控制气压和吹气，装置如图6.5所示。美国国家可再生能源实验室的C. P. KHattak等人在改进的热交换定向凝固炉中，对10～300kg的冶金级硅进行了提纯，工艺流程为：首先将冶金级硅熔化，然后向硅熔体中通入水蒸气并加入造渣剂，最后进行定向凝固，如图6.6所示。实验结果表明B杂质含量降低到0.3×10^{-6}，P杂质含量降低到10×10^{-6}以下，其他杂质含量降低到0.1×10^{-6}以下，随后对提纯后的多晶硅铸锭进行切片，制成$1cm^2$大小的太阳能电池，其转化效率为12%～18.6%，C. P. Khattak等人还分析了热交换法提纯多晶硅的生产成本为7.62美元/kg，可以实现工业化生产。

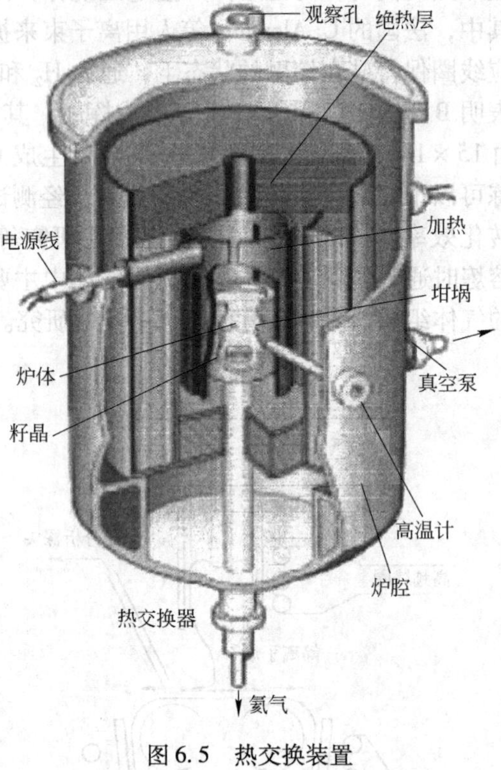

图6.5 热交换装置

6.2.4.5 NEDO熔炼提纯技术

日本的Kawasaki steel公司在日本New Energy Development Organization（NEDO）的资助下综合了电子束真空熔炼、等离子体熔炼、定向凝固等技术提出了以冶金级硅为原料，分两个步骤进行提纯的工艺，如图6.7所示：第一阶段，在电子束炉中采用真空挥发去除磷杂质及定向凝固初步除去金属杂质；第二阶段，在等离子体熔炼炉中，采用氧化气氛除去硼和碳，然后进行定向凝固，在凝固的

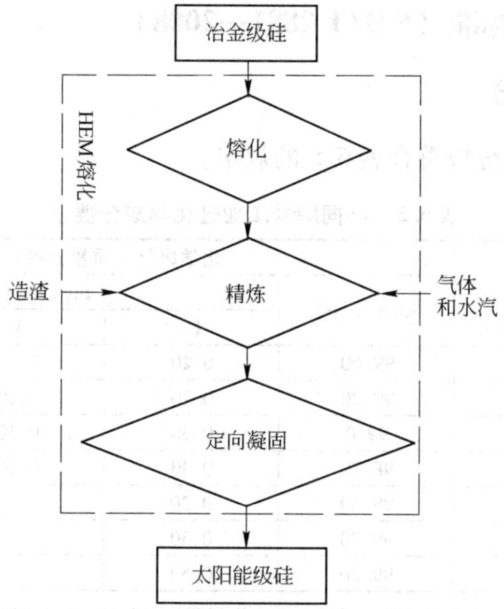

图 6.6 热交换提纯冶金级硅流程

过程中除去金属杂质，硅锭中的杂质浓度达到了太阳能级硅的要求，生产出来的太阳能级硅显示了 p－极性，其电阻系数保持在 0.5～1.5Ω·cm，少数载流子扩散长度为 250μm。目前，JFE 制铁公司已经利用此项技术，在西日本制铁所建设年产 100 万吨的太阳能级多晶硅工厂。

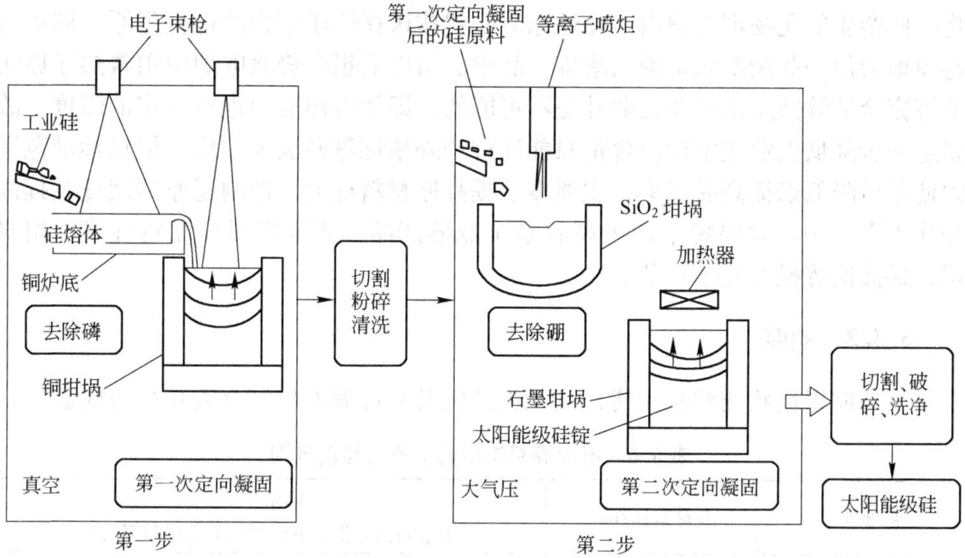

图 6.7 NEDO 熔炼－提纯冶金级硅过程

6.3 工业硅国家标准（GB/T 2881—2008）

6.3.1 化学成分

工业硅的化学成分应符合表6.5的规定。

表6.5 不同牌号工业硅化学成分要求

类别	牌号	化学成分（质量分数）/%			
		Si(不小于)	Si(杂质不大于)		
			Fe	Al	Ca
化学用硅	Si-A	99.60	0.20	0.10	0.01
	Si-B	99.20	0.20	0.20	0.02
	Si-C	99.0	0.30	0.30	0.30
	Si-D	98.70	0.40	0.10	0.05
冶金用硅	Si-1	99.60	0.20		0.05
	Si-2	99.30	0.30		0.10
	Si-3	99.30	0.50		0.20

注：1. 化学用硅指经化学处理后用于制取有机硅等所用的工业硅，冶金用硅是指冶金方面用于配置铝硅等各种合金所用的工业硅。
2. 硅含量以100%减去杂质含量总和来确定。
3. 分析结果的判定采用修约比较法，数值修约按GB/T 8170的规定进行，修约数位于表中所列极限值数位一致。
4. 如有特殊要求，供需双方另行议定。

由标准可见工业硅产品对杂质要求是很严格的，由于生产原料不可避免地会将一些杂质氧化物带入炉内，在还原时必然按选择性还原物质进行还原，即不可避免地会使一些杂质元素带入冶炼产品中。所以要想在普通电炉中用碳热还原法冶炼完全清除杂质生产纯工业硅是不可能的，即使再作努力也有一定的限度，故要进一步降低工业硅中杂质含量只能通过炉外精炼等办法来完成。但在标准范围内使杂质降低以提高品级率，主要靠从提高原材料纯度，控制还原剂用量及提高操作水平入手。故要想生产更高牌号工业硅产品，要紧紧抓住原料纯度、用炭量，提高冶炼操作几个环节。

6.3.2 粒度

工业硅以块状或粒状供货，其粒度范围及允许偏差应符合表6.6的规定。

表6.6 不同等级工业硅的不同粒度范围

粒度等级	粒度范围/mm	偏差/% （上层筛筛上物、下层筛筛下物总和不大于）
1	2～25	5

续表 6.6

粒度等级	粒度范围/mm	偏差/% （上层筛筛上物、下层筛筛下物总和不大于）
2	10～50	5
3	10～100	5
4	6～200	5

注：需方如对粒度有特殊要求，供需双方可另行协商。

6.3.3 外观

产品的表面和断面应清洁，不允许有夹渣、泥土、粉状硅黏结以及其他非冶炼过程所带异物。

7 主要的生产设备

7.1 矿热炉

7.1.1 矿热炉类型

矿热炉按照密闭型划分，为敞口式矿热炉、半封密闭热炉和密闭矿热炉；按照容量大小划分为9MV·A以下的小型矿热炉，9~25MV·A的为中型矿热炉以及25MV·A以上的大型矿热炉。

小型敞口式矿热炉的上口是敞开式的，炉面上的燃烧火焰较大，不便于操作。在炉口上方放置一个烟罩（即高烟眼罩）可使炉面上燃烧的烟气从上面的烟囱排出去。该类型矿热炉各项指标消耗高，能源利用率低；生产过程中所释放的烟气没有经过除尘而直接排放，粉尘对周围环境影响大；装备技术水平低，劳动强度大，工业卫生状况差，安全生产没有保障，因此已成为国家强制要求淘汰的生产装置。

半密闭中型矿热炉用烟罩将炉口密闭起来（即低烟罩炉）仅在烟罩侧面开设操作门，机械加料系统和排除烟尘如同密闭炉，故称为半密闭炉。虽然半封闭炉炉面燃烧火焰仍较大，但已减少了炉面辐射散热。根据生产企业的管理水平及炉子设计参数的选择差异性，该类型矿热炉各项指标消耗差别较大，能源的利用率存在着较大差距，生产过程所释放的烟气治理水平也不同。一部分企业的烟气净化装置可利用高温烟气生产蒸汽以实现余热利用，能源利用率有了较大的提高。

密闭矿热炉由于炉盖与炉体完全密闭而隔绝了空气，所以炉面上不发生燃烧，炉内产生的气体经风机抽出后而加以净化，密闭炉炉容普遍较大，自动化程度高，烟气量减小，从而烟气除尘的功耗低、生产电耗低；一般都进行烟气的综合利用，或用于生产蒸汽，或用于烘干原料及气烧石灰，因此综合能耗很低。

我国目前建成的矿热炉均向高效率、大型化方向发展。大型化矿热炉具有热效率高、单位产品投资低，产品质量高，节省劳动力，结合元素挥发损失少，操作稳定、电耗低、运行成本低以及有利于烟尘净化及余热利用的优点。

7.1.2 矿热炉组成

现代矿热炉向着大型、密闭、炉体旋转方向发展，从原料的称量、输送、装料到矿热炉的操作和烟气处理等都实现了集中控制。矿热炉主要由炉体、供电系统、电极系统、加料系统、冷却水系统、检测和控制系统、排烟除尘系统等组成。

7.2 矿热炉的参数计算和选择

我国的电炉参数设计，基本上都是参照国外的设计方法，即以安德烈周边电阻公式——K 因子法、威斯特里的威氏计算法、米库林斯基和斯特隆斯基三大计算方法来计算的，然而在计算过程中，如何确定参数的系数，则是难以解决的问题。在电炉参数计算中，系数的选择对计算结果的误差影响很大，由于这些公式系数取值范围较宽，加上电炉参数受变压器容量、冶炼品种和制造因素的影响，实际计算的可靠性难以评估。

7.2.1 电器参数

电炉体积的计算由于大多数电炉都是针对某种产品来设计的，这样做便于选择合适的参数，使电炉设计更为合理。故电炉的体积也应从该产品的实际原料消耗量来考虑：每炉所消耗炉料的体积为：

$$V_{料} = \frac{PTQ}{\rho W}(\mathrm{m}^3) \tag{7-1}$$

式中 P——电炉平均功率，kW · h；

T——每炉冶炼时间，s；

Q——每吨铁所消耗的原料总重，kg/t；

ρ——原料平均密度，kg/m^3；

W——每吨铁耗电量，kW · h/t。

根据斯特隆斯基的理论，每炉所消耗炉料的体积等于极心圆区域的体积。故炉膛的体积可按下式计算：

$$V_{膛} = \left(\frac{D_{膛}}{D_{心}}\right)^2 \frac{PTQ}{\rho W}(\mathrm{m}^3) \tag{7-2}$$

7.2.1.1 炉膛深度的计算

炉膛深度一般与炉料的操作电阻、电极工作端长度、反应区大小等因素有关，炉膛深度与炉膛直径尺 r，选择除了要保持一定的容积外，应使炉衬的散热面积尽可能减少，以降低热量的损失。由于操作电阻、反应区大小等因素难以确定，故炉膛深度大多数都是选择使炉衬的表面积尽可能小的方向。炉膛的容积定义计算公式为：

$$V_{膛} = \frac{\pi D_{膛}^2}{4}H(\mathrm{m}^2) \tag{7-3}$$

则炉衬内表面积计算公式为：

$$S_{衬} = \frac{\pi D_{膛}^2}{4} + \pi D_{膛} H(m^2) \quad (7-4)$$

$$S_{衬} = \frac{\pi D_{膛}^2}{4} + \frac{4V_{膛}}{D_{膛}}(m^2) \quad (7-5)$$

令：

$$\frac{dS_{衬}}{dD_{膛}} = \frac{\pi D_{膛}}{2} - \frac{4V_{膛}}{D_{膛}^2} = 0 \quad (7-6)$$

解得：

$$D_{膛} = 2\sqrt[3]{\frac{V_{膛}}{\pi}}(m^2) \quad (7-7)$$

$$H = \sqrt[3]{\frac{V_{膛}}{\pi}}(m^2) \quad (7-8)$$

此时：

$$\frac{d^2 S_{衬}}{dD_{膛}^2} = \frac{\pi}{2} + \frac{8V_{膛}}{D_{膛}^3} > 0 \quad (7-9)$$

故当炉膛深度为炉膛直径一半时，炉村的内表面积最小。当然对于冶炼不同的品种也可以根据实际情况作适当的调整。

7.2.1.2 极心圆直径的选择

极心圆直径决定电极之间距离的远近，这个数值影响到三相电极之间的熔化连通，功率分布及坩埚区的大小，以致影响到冶炼炉况的正常与否。由于冶炼不同的品种，其炉料易熔化还原的情况各不相同，还有一些元素易挥发，热量不宜过度集中，这就要分别对待，极心圆直径还与电炉的熔池区大小有关，而炉子中的熔化区是沿着电极周围呈半球状分布的，其反应区直径大小是由炉子功率、电极直径、炉料性质决定的，一般认为合理的熔炼区是由三个电极反应区交会于炉心形成的，这时电极反应区的直径等于极心圆直径，熔炼区外圆直径为极心圆直径的2倍。文献表明，大多数电炉的极心圆直径一般都在炉膛直径的1/2～1/2.5之间，在这段之间的电炉的三个电极反应区交会点近似于炉心，熔炼效果较为理想。

由式（7-9）推论可知，同一品种在相同工艺条件下，其极心圆单位容积功率密度是不变的，即不因炉子容量、功率大小变化而变化，故只要知道极心圆单位容积功率密度，就可以通过下式求出极心圆直径。

$$D_{心} = \sqrt{\frac{4P}{\pi P_{VT}}}(cm) \quad (7-10)$$

7.2.2 几何参数

炉膛直径的计算：

$$D_{膛} = \frac{2P_{VT}TQ}{\rho W}(\text{cm}) \tag{7-11}$$

炉膛深度的计算：

$$H = \frac{P_{VT}TQ}{\rho W}(\text{cm}) \tag{7-12}$$

电炉容积的计算：

$$V_{膛} = \pi\left(\frac{P_{VT}TQ}{\rho W}\right)^3(\text{cm}) \tag{7-13}$$

电极直径的确定：电极直径的大小一般由二次电流及电流密度来决定的，电流密度选择要合适，它受电极糊质量及炉口温度的影响，此外还要考虑过流的情况，故电极直径一般可按下式计算：

$$d = \sqrt{\frac{4I_2}{\pi\delta}}(\text{cm}) \tag{7-14}$$

式中 d——电极直径，cm；

δ——电极电流密度，即单位导电截面（cm^2）所允许通过的电流值，A/cm^2；

式（7-14）为计算电极直径的一般计算式。

7.3 工业硅生产辅助设备

7.3.1 把持器

7.3.1.1 组合式把持器

组合式把持器电极主要由上下电极外套、电极壳、导电元件、底部环、保护屏、馈电管、电极冷热风装置、电极水路、电极压放装置、事故夹钳、升降立缸等部件组成。上部电极外套端面组装电极压放装置以及事故夹钳，侧面装配电极冷、热风装置。下部电极外套固定电极水路、馈电管，下端吊挂接触元件、底部环以及不锈钢护屏等装置。

组合把持器的电机壳导电原理是心部导电，电极的焙烧是通过心部到电极壳表面，通过电阻热来实现电极焙烧。电流由变压器二次出线端经过短网、馈电管、导电元件、经电极输送到电炉内。组合把持器的电极导电元件是一组导电元件通过16组蝶形弹簧预压紧产生一定的夹紧力把电极壳的筋板紧紧夹死，在正常生产中不会出现电极壳刺火现象，因此组合把持器结构形式的电极系统在生产的开动率是很高的，一般其开动率在98%左右。

电极水路用于冷却底部环和不锈钢护屏。导电元件与短网共用一路冷却水，冷却水由变压器连接套进入，经过短网、馈电管进入接触元件，再由导电元件经过馈电管、短网、变压器连接套流出。

电极的升降及压放由液压装置的运行来完成。电极升降靠两侧立缸的动作实现，给油时电极升起，泄油时电极下降。电极压放由夹紧压放油缸控制，正常时电极由夹紧油缸上的碟簧张力作用于卡钳来夹持电极，需要压放电极时，夹紧油缸给油，卡钳松开电极筋板，接着压放油缸升起，然后夹紧油缸泄油卡钳又夹紧电极翅板，夹紧压放油缸顺序完成以上动作后，压放油缸同时给油实现电极的压放。每次电极压放30mm，其缺点是电极只能下，不能往回退，一旦电极过长就得想其他的办法将电极弄断。

组合把持器式电极装置（见图7.1）具有以下显著的特点：(1) 结构简单，它简化了把持器和压放结构，使用可靠，重量轻；(2) 互换性好，接触装置和压放装置可适用于各种不同直径的自焙电极；(3) 组合把持器接触电阻小，电效率高，不易与电极壳间打火；(4) 电极壳再不会变形；(5) 电极壳不会在滑放时失去控制，为高电耗的冶炼工艺增加了安全电极滑放率；(6) 没有电极断损事故；(7) 寿命长，普通的铜瓦式把持器一般寿命较短，块式抱闸重且易磨损，而组合式电极柱接触元件及压放装置的寿命可在传统电极柱寿命的5～8倍以上；(8) 在电极导电系统中，接触导电元件与电极壳之间通过弹簧进行夹紧，电极压放时不用降低电炉负荷，而在电炉满负荷的状态下进行电极的压放，这样大大提高了电炉的功率利用系数。

图7.1 组合把持器

组合式电极系统虽然有以上优点，但必须加工制造精密，按照其特性进行调试，才能充分发挥其优点。

7.3.1.2 波纹管压力环电极把持器

电炉的波纹管压力环电极把持器（见图7.2）是在压力环体内和铜瓦对应的位置安装波纹管，控制波纹管内的液体压力使其伸缩适当的行程，实现铜瓦对电极的夹紧和放松。该方式优点是能使各个铜瓦的受力均匀，保证各个铜瓦与电极的接触良好，从而获得较好的导电效果；缺点是对波纹管、压力环等构件的加工制造的精度要求较高，波纹管出现问题时维修不方便。

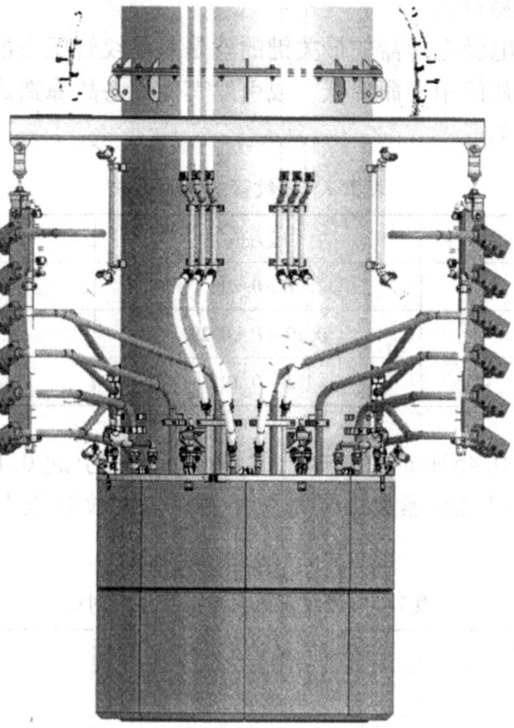

图7.2 波纹管压力环电极把持器

波纹管压力环电极把持器由保护屏、压力环、波纹管、铜瓦等组成。

A 保护屏

用把持筒上的吊挂装置固定保护屏，每个保护屏与它下面的压力环用定位销定位，保证尺寸精度。安装完成后，用环形箍将各保护屏从圆周上箍紧后形成整体。

B 压力环

采用锻造的微合金铜板加工。各个压力环除了吊挂装置安装，还采用了锥楔形夹具将使各压力环沿径向收拢归位并锁紧形成一个铜环。压力环下部的密封槽中装上密封块与铜瓦形成可靠密封，防止烟气泄漏。

C 波纹管

采用优质不锈钢制造。镶嵌在压力环内，通过波纹管内的液体压力实现伸缩。行程范围通过限位装置固定，避免发生因超压或欠压造成波纹管损坏。

D 铜瓦

采用锻造纯铜板，经过 CNC 数控加工中心加工而成，尺寸精度高；冷却水道采用直接钻深孔形成，冷却能力强。该铜瓦导电和导热性能优良，与电极接触好，导电均匀，不易打弧。

波纹管压力环电极把持器的最关键的就是对波纹管压力的控制，偏离了控制范围，则会导致铜瓦使用寿命降低，或引发其他设备故障造成停炉损失。波纹管的压力要求见表 7.1。

表 7.1 波纹管的压力要求

项 目	压力值	单 位
正常压力	$P>0.29$	MPa
低压警告	$0.19<P<0.29$	MPa
停 止	$P<0.19$	MPa

波纹管压力为 0.45MPa 是最理想的情况，这将引起 0.12MPa 的铜瓦压力，可使铜瓦与电极的接触更紧密，导电效果更好。波纹管压力与铜瓦压力对比见表 7.2。

表 7.2 波纹管压力与铜瓦压力对比

波纹管压力/MPa	引起的铜瓦压力/MPa	备 注
0.45	0.12	可运行压力
0.43	0.115	
0.41	0.11	
0.39	0.104	
0.37	0.099	
0.35	0.094	
0.33	0.088	
0.31	0.083	
0.29	0.077	
0.28	0.075	

续表 7.2

波纹管压力/MPa	引起的铜瓦压力/MPa	备 注
0.27	0.072	低压警告
0.25	0.067	
0.23	0.061	
0.21	0.056	
0.19	0.051	
0.18	0.049	
0.17	0.045	
0.18	0.049	停 机
0.17	0.045	

当波纹管压力低于 0.19MPa 时，引起的铜瓦压力仅为 0.051MPa，会导致铜瓦与电极的接触不紧密，使接触电阻增加，引起发热、打弧等不良现象，造成铜瓦损坏等设备故障。

由于波纹管的加工精度较高，波纹管的液体压力可由电炉循环水提供即可满足要求，不需单独设置压力源。对每一个波纹管的水路安装压力传感器进行监控，当某一压力低于控制要求，则采取报警、停机等措施，保证设备的正常运行。

波纹管压力环电极把持器的故障率较低，电炉的热停炉时间很少，设备运行效率较高。

7.3.2 捣炉机

捣炉机是用于生产硅系铁合金的敞口式和半封闭式埋弧还原电炉炉口加料与捣料的专用机械设备。其既能加料，又能借助可更换的工具使电炉炉内布料均匀，扩大反应区，并消除悬料、捣碎熔渣，减少结壳和料面喷火，达到炉况顺行。此外也可应用于同类型电炉生产其他铁合金和电石（碳化钙）等作加料和推料之用。

炉口操作常采用的机械设备主要为单功能加料机、捣炉机和多功能加料捣炉机 3 种；按行走方式又可分直轨行走式，环轨行走式和无轨自由行走式。在中国，中小型硅铁电炉广泛使用直轨行走式的单功能捣炉机，一座电炉配备三台。世界各国的大型电炉多使用自由行走式的多功能加料捣炉机，一座电炉配备一台即可完成炉口 3 个大料面的加料、推料及捣炉操作。生产这种专用机的厂家主要是德国的丹戈 - 丁南塔尔（Dango & Dienenthal，DDS）公司。该公司研制成功的加料捣炉机（见图 7.3）系列产品，结构合理，功能完善，已被世界各国包括中国在内广为采用。具有代表性的为负载能力 900kg、1500kg 和 2000kg 三种规格，分别适用于容量为 10000 ~ 20000kV · A、20000 ~ 30000kV · A 和 40000kV · A 以上的大型电炉。其主要特征是：采用卷筒电缆或环形滑线供电；全部动作均为液压驱动；三轮行走；工作部分为四连杆机构，其前臂既可上下摆动，又可前后伸缩；装料箱卸料为刮板推出方式，做捣炉用时可迅速将装料箱换成捣料杆；整机由一人操纵。

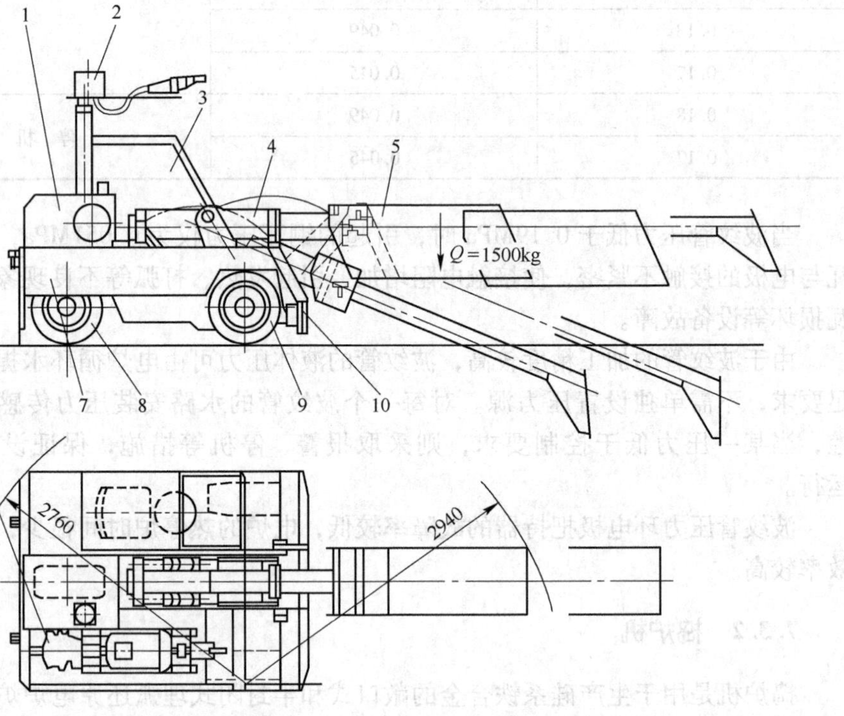

图 7.3 DDS 加料捣炉机

1—油箱；2—滑环集电器；3—驾驶舱；4—工作机构；5—料箱；6—油泵；7—机架；8—后轮；9—前轮；10—缓冲挡板

此外，意大利的瑟勒蒂—唐法尼（Ceretti & Tanfani）公司、日本的日本制钢（Japan Steel Works）公司和东京流机（Tokyo Ryuki）公司等也有类似产品，所不同之处，主要是它们的操作臂均不具备前后伸缩功能。德国 DDS 公司 20 世纪 70 年代末又研制成功一种新型无人操作的高效率全自动推料捣炉机。其特点是使用吊挂式结构，沿轨道环绕电炉行走，由计算机按预定周期及程序进行控制，可从炉口的三个工作位置完成对料面的全部操作。整个工作过程可通过若干个电视摄像机在电炉控制室的荧光屏上进行监控。这种设备有利于全部使用料管下料的大型半封闭电炉实现炉口操作的自动化。

DDS 加料捣炉机由机架、前轮与后轮装置、工作机构、液压系统、驾驶与操纵装置、供电系统等组成：

（1）机架由坚固的钢板和型材焊接而成。前部装有一套带坚固挡板的弹簧缓冲器；后部备有一块配重厚钢板。两者均可以在机器发生意外碰撞的情况下起安全保护作用。

（2）前轮与后轮装置为三轮行走式。前两个为主动轮，各由一台带行星减速器的车轮油马达驱动；后一个为被动轮，起支撑与转向的作用，转向时通过一个转向油缸推拉偏心机构即可使车轮做水平摆动。

（3）工作机构为一个带操作臂的四连杆机构。主要有 3 种功能：操作臂摆动由两个摆动油缸控制，用以调节操作臂的摆动角度；操作臂前后伸缩由一个伸臂油缸控制，以实现工作时将操作臂伸出，不工作时将操作臂缩回的要求；推刮卸料由一个带导向套筒和刮削环的油缸控制，用以实现装料箱卸料。为避免因操作工具意外地与炉内电极接触而使机身带电，四连杆机构与机架之间的各联结点均采取绝缘措施。

（4）液压系统由行走液压系统和工作与转向液压系统两部分组成。两个系统共用一套泵站，由一台双轴伸电动机驱动两台油泵，分别供给传动所需压力介质。行走部分采用变量变向柱塞泵与前轮油马达联成封闭循环的液压回路，操作时利用双脚踏板控制的先导阀对柱塞泵进行伺服调节，可使机器以任意速度做前进或后退运动。工作部分为双联叶片泵至各执行机构油缸的液压回路。其中小泵专用于转向油缸的操作，通过方向盘带动的转向器，可使机器作转向行走；大泵用于工作机构各油缸的操作，通过双操纵手柄控制的多路换向阀，可使操作臂实现摆动、伸缩、推刮等功能。

（5）驾驶与操纵装置为防热辐射式驾驶舱，内设空调器或排风扇。机器的全部操纵和控制装置均设在舱内，主要包括驾驶座椅、行走用脚踏板阀、转向用方向盘、工作用操纵手柄以及电气控制箱。

（6）供电系统通常采用卷筒电缆或环形滑线供电方式。卷筒电缆装置多为重锤传动，须靠近操作平台上的梁柱安置，并在机器运动轨迹范围内竖立若干导向滚筒，以便收、放电缆时，防止电缆与各障碍物相摩擦。环形滑线装置为塑料防护式安全滑触线和移动式集电器，环绕电炉架空布置。两种供电方式均系通过机上滑环集电器将电源引入电气控制箱。

7.3.3 烟罩

某些矿热炉在封闭之前，采用了一种称为低烟罩的结构。所谓低烟罩，就是将炉口上方传统的大烟罩取消，代之以一个高 2m 左右的矮烟罩。为了便于处理炉况和加料，在烟罩的四周有数个大、小不同的炉门。电极把持器和短网采用封闭炉的形式：加料方式，根据冶炼品种可采用料管或人工加料：其他部分的结构与开口式电炉大致相同。

低烟罩的优点是：人工加料时，大大减轻了对人体的热辐射，炉口周围操作条件得到改善，烟罩上面温度不高，更换筒瓦等操作可在其上进行，另外，可配置余热锅炉利用余热，烟气较易于净化处理。

低烟罩在国内锰铁和硅铁炉上都有应用，低烟罩有两种结构形式：一种是全金属结构；另一种是金属骨架—耐热混凝土和砖结构。如图2－31所示为金属结构式低烟罩，用于12500kV·A硅锰电炉上，其上部直径为6400mm，下部直径为6800mm，有效高度1800mm，由框架、盖板、侧板和铸铁门等组成。除铸铁门外，其余都通水冷却，材质除侧板采用普通钢板制造外，其余都用防磁钢板制造。框架由六根通水立柱和一个外径为7040mm，内径为6420mm，厚为16mm的钢板环圈组成。

侧板安装在立柱之间两块大侧板装在炉子的两个大面，三块下侧板装在三个小面，每块大侧板上装有两块铸铁门，小侧板和烟道侧板上侧装在一块。

梁架系水冷金属骨架，它被支撑在框架的六根支柱上，13块水冷盖板盖在梁架上，由梁架的12根水冷水平梁支承。盖子中心及其三角部位开有一个小孔和三个大孔，中心料管和三个电极分别通过其中，其余9个料管孔也对称布置在盖板上。

侧板为焊接件，其上留有安装铸铁门的孔，铸铁门将背面抹有一层耐热水泥，上部有吊环，可通过气动开门机构随时开闭，以便观察和处理炉况。

水冷金属骨架—耐热混凝土和砖式结构低烟罩，某厂用于一台14000kV·A硅铁炉上，烟罩直径为7000mm，有效高度为1900mm炉盖板是用无磁性通水钢梁与耐热混凝土整体浇铸而成，厚度为300mm。炉盖板由12根通水钢立柱支撑，烟罩四周每个大面开设一个大门，每个小面开设两个小门，其余部分用耐火砖封住。炉盖板上开有两个排烟孔，中心设有自动加料孔和三个测温点。整体盖板具有制造简单、安装快、承载强度大、使用寿命长等优点。

7.3.4 浇铸设备

铁合金的浇筑方式有砂模浇筑、金属锭模浇筑、浇筑机浇筑和粒化等，有些厂在生产高碳锰铁、锰硅合金时，常采用铁水直接流入砂模进行浇铸的方式，其特点是可以不用铁水包，不用锭模，但劳动条件差，产品表面质量差，还需要精整，砂模每用一次需要修理一次，锭模浇铸除了品种外，还适用于各种铁合金，其特点是产品质量好，硅损少，如炉前浇铸可将锭模直接放在锭模车上，这种方式在小型电炉中使用得十分普遍，但要消耗锭模，劳动条件差，废锭模难处理。大型电炉趋向使用浇铸机，采用浇铸机浇铸，机械化程度高，劳动条件好，铁锭块小，便于加工制造。但浇铸质量不如锭模浇筑，硅损大，设备维修量大，浇铸时间较长；而场地浇铸日趋被广泛使用，其工艺简单，设备少，不消耗锭模。粒化的特点是简化工艺，节省设备，但我国铁合金的粒化产品只有再制烙铁，随着粒化技术而发展，将会产生各种粒化产品。

7.3.5 产品加工设备

国际对工业硅产品指标的粒度要求控制在 3 ~ 100mm 范围内，但由于在硅液浇铸冷却过程中产生偏析现象且结构较脆、厚度差异较大、形状不规则，给硅锭破碎带来了较大的难度。

目前，专门针对工业硅锭破碎的设备较少，只有较少的厂家采用现有的破碎设备对硅锭进行破碎，但在破碎过程中产品粒度不均匀、粉料大及不合格粒度产品多，造成产品损失。现有的硅锭破碎普遍采用人工榔头击打，此方法虽然产品粒度均匀、粉料少、产品损失小，但劳动强度大、人力紧缺、生产效率低，击打产生的粉末对人体造成极大的危害，容易产生职业病。因此工业硅锭破碎机的研究是目前迫切需要解决的问题。

8 工业硅生产的环境保护

在工业硅生产过程中，原料在熔炼炉中反应区的高温下，炉料中的二氧化硅被碳还原成硅，同时生成一氧化碳、一氧化硅气体和气态硅等。这些气体经料层逸出时，部分一氧化碳在高温下燃烧氧化为二氧化碳，气态的一氧化硅和硅也被逐渐氧化成二氧化硅微粒，其白度为40～50，浅灰色，该微粒即为微硅粉，也称为硅灰。电炉每生产1t工业硅大约产生2300～2500m^3的原始炉气（标态），主要成分是一氧化碳（60%～80%），其次是H_2（10%～20%）和H_2O（5%～10%）。炉气温度约为500～600℃。电炉每生产1t工业硅大约产生120～200kg粉尘，这主要与原料粒度、加料方式和操作状况等有关。微硅粉颗粒很细，属于纳米级颗粒，其粒径基本在5μm以下。该类粉尘的特性还有是密度低、较轻（加密处理前，密度仅为200kg/m^3）、吸湿性差、胶结性能好、不易沉降。然而这部分微硅粉资源没有得到充分利用就全部被高空排放。这种微硅粉尘在空气中的扩散能力较强，不易捕集，所以对环境的污染十分严重。且容易进入人体呼吸道，再经呼吸道进入人体肺部。有文献指出，此类烟尘中因含有较多重金属微粒，进入人体后致癌率高，危害极大。因此需要对其进行回收处理。

微硅粉尘虽然易污染环境，危害人类的健康。但微硅粉同时具有优良的理化性能，是一种重要的纳米－微米级无机非金属材料，国外研究者将其称为“神奇材料”。被广泛应用于建筑、冶金、陶瓷、橡胶及耐火材料等方面。尤其用微硅粉尘和水泥配制的混合砂浆，可节省水泥，强度提高。另外微硅粉还可以配制成硅酸钾肥及熔点高、热温性能好的耐火材料。因此，目前工业硅电炉（包括其他行业的矿热电炉）的烟气净化愈来愈受到各级环保部门及生产厂家的重视。

但我国在对高性能陶瓷材料的某些研究方面还未成熟，故微硅粉未能得到充分利用。且产品销售受外界市场的制约。目前，应加快微硅粉使用开发的研究步伐，充分挖掘出微硅粉的潜在价值，使其在提高经济效益的同时也提升环境和社会效益。

8.1 主要的收尘设备

工业硅生产的除尘设备是指能将粉尘从空气中分离出来的设备。根据除尘机理，在工业硅生产中主要用到的除尘设备有惯性除尘设备、电除尘设备、袋式除尘设备及湿法除尘设备。

8.1.1 惯性除尘设备

惯性收尘是指通过重力、冲击力和离心力等惯性作用使烟尘颗粒与气流分离进行收集的除尘方法。在常见惯性除尘设备中，工业硅生产主要运用旋风除尘。

旋风收尘器是利用旋转的含尘气流所产生的离心力，将粉尘从气体中分离出来的一种气固分离装置。旋风收尘器的优点是结构简单、性能稳定、造价便宜、体积小、操作维修方便、压力损失中等、动力消耗不大，可用于高压气体收尘，能捕集 5 ~ 10μm 以上的烟尘，属于中效收尘设备。缺点是收尘效率不高，对于流量变化大的含尘气体，收尘性能较差。其设备阻力因结构形式和进口流速的不同而异，可高达3000Pa。其收尘效率的高低与阻力大小成正比。此外，烟尘密度大、烟气含尘量高，收尘效率也随之提高。当烟尘硬度大时，需考虑设备的耐磨问题，旋风收尘器由普通钢板制成，如外部保温时可耐 450℃高温。

旋风收尘器一般由筒体、锥体、进气管、排气管和卸灰管等组成，其结构示意图如图 8.1 所示。旋风收尘器的收尘工作原理是基于离心力作用，其工作过程是当含尘气体由切向进气口进入旋风分离器时，气流将由直线运动变为圆周运动。旋转气流的绝大部分沿器壁自圆筒体呈螺旋形向下并朝锥体流动，通常称此为外旋气流。含尘气体在旋转过程中产生离心力，将相对密度大于气体的尘粒甩向器壁。尘粒一旦与器壁接触，便失去径向惯性力而靠向下的动量和向下的重力沿壁面下落，进入卸灰管。旋转下降的外旋气体到达锥体时，因圆锥形的收缩而向收尘器中心靠拢，根据“旋转矩”不变原理，其切向速度不断提高，尘粒所受离心力也不断加强。当气流到达锥体下端某一位置时，即以同样的旋转方向从旋风分离器中部由下反转向上，继续做螺旋形流动，即内旋气流。最后，净化气体经排气管排出管外，一部分未被捕集的尘粒也由此排出。

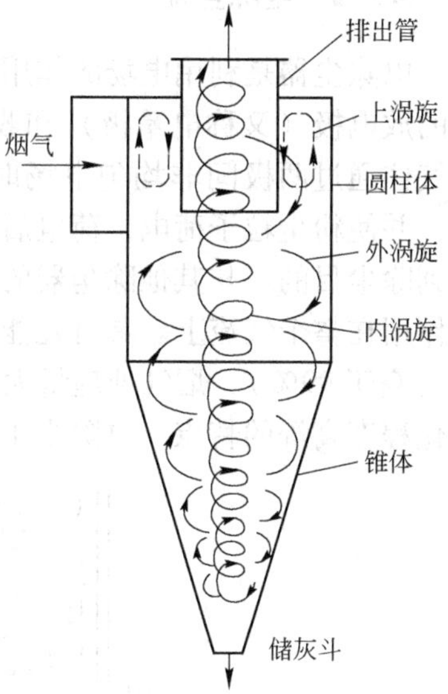

图 8.1 旋风除尘器结构示意图

旋风收尘器的选择：

（1）旋风收尘器净化气体量应与实际需要处理的含尘气体量一致。选择收尘器直径时应尽量小些，如果要求处理的含尘气体量较大，以采用若干个小直径的旋风收尘器并联为宜；如果预处理的含尘气量与多管旋风收尘器相符，以选用多管收尘器为宜。

（2）旋风收尘器入口风速要保持在18～23m/s。当低于18m/s时，其收尘效率下降；高于23m/s时，收尘效率提高不明显，但阻力损失增加，耗电量增加很多。

（3）选择收尘器时，要根据工况考虑阻力损失及结构形式，尽可能使之动力消耗减少便于制造维护。

（4）旋风收尘器能捕集到的最小尘粒粒度，应小于等于被处理气体的粒度。

（5）当含尘气体温度很高时，要注意保温。收尘器的温度要高于露点温度，避免水分在收尘器内凝结。

（6）旋风收尘器的密闭性要好，确保不漏风。

（7）当粉尘黏性较小时，最大允许含尘质量浓度与旋风收尘器的筒体直径有关，直径越大，其允许含尘质量浓度也越大。

旋风除尘器在工业硅生产除尘工序中，主要用于烟尘的预除尘，以除去烟尘中的大颗粒。常与袋式除尘器搭配使用。

8.1.2 电除尘器

电除尘器是利用电场的作用清除气体中固体或液体粒子的除尘装置。电除尘器的放电极（又称电晕极）和收尘极（又称集尘极）接于高压直流电源，当含尘气体通过两极间非均匀电场时，在放电极周围强电场作用下，气体首先被电离，并使粉尘粒子荷电，荷电后的粉尘粒子在电场力的作用下移向集尘极，从而达到除尘目的。与其他除尘器的根本区别在于，分离力直接作用在粒子上，而不是作用在整个气流上。具有耗能小（压力损失一般为200～500MPa）、除尘效率高（高于99%）、烟气处理量大（可处理500℃以下的高温、高湿烟气）以及自动化程度高等的特点。电除尘工作原理如图8.2所示。

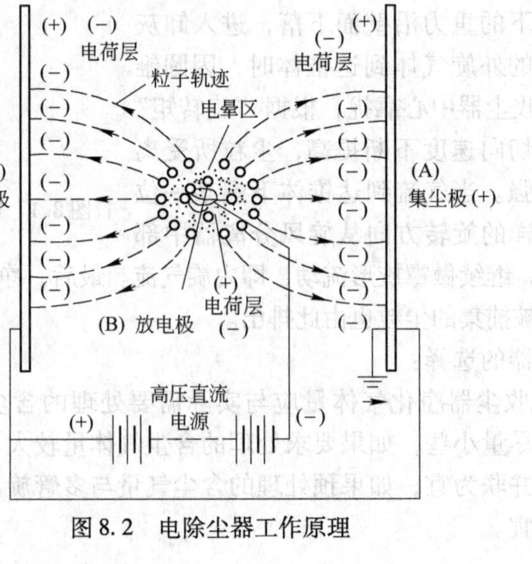

图8.2 电除尘器工作原理

电除尘器的除尘原理包括气体电离、粒子荷电、粒子沉降、粒子清除四个过程：

（1）气体电离。气体一般是中性的，但当气体分子获得一定的能量时，就会分离成大量的自由电子和正离子，使气体成为导电体。这种使气体具有导电性能的过程成为气体的电离。电除尘器是在电晕极和集尘极之间施加直流高电压，采用非匀强电场，使放电极发生电晕放电，产生大量的自由电子和正离子。

（2）粒子荷电。一般此时，正离子被电晕极吸引失去电荷，自由电子和随即形成的负离子受电场力的驱使向集尘极移动，并充满到两极间的绝大部分空间。含尘气流通过电场空间时，自由电子、负离子与粉尘碰撞并附着其上，便实现了粒子荷电。在粒子荷电中，电场荷电和扩散荷电是同时进行的，粒子的主要荷电过程取决于粒径，大于0.5μm的微粒，以电场荷电为主，小于0.15μm的微粒，以扩散荷电为主，介于之间的粒子，需要同时考虑这两种过程。

（3）粒子沉降。荷电粒子在电场力作用下，向异性电极方向移动，在电极上进行电极中和，粒子沉积在电极上。

（4）粒子清除。集尘极表面沉积的粒子和附着在放电极上的少量粒子，现代的电除尘器大都采用电磁振打或锤式振打清灰。振打系统要求既能产生高强度的振打力，又能调节振打强度和频率。粉尘沉积在电晕极上会影响电晕电流的大小和均匀性，一般方法采取振打清灰方式清除，使之落入下部灰斗，完成除尘过程。从集尘极清除已沉积的粉尘的主要目的是防止粉尘重新进入气流。

电除尘器的分类有以下分类方式：（1）按集尘极形式不同，通常分为管式和板式两种。管式电除尘器用于气体流量小，含雾滴气体，或需要用水洗刷电极的场合。板式电除尘器为工业上应用的主要形式，气体处理量一般为25～50m^3/s以上。（2）按内部荷电区和分离区布置，分单区电除尘器和双区电除尘器。双区电除尘器荷电与分离分别在两个区完成，通风空气的净化和某些轻工业部门。单区电除尘器荷电与分离在同一区内完成，控制各种工艺尾气和燃烧烟气污染。（3）按气流流动分卧式电除尘器和立式电除尘器。卧式电除尘器的气流水平运动，其占地面积大，但操作方便，在处理工业废气时，卧式的板式电除尘器应用最广。立式电除尘器的气流垂直运动。（4）按清灰方式分干式电除尘器和湿式电除尘器。干式电除尘器采用机械、压缩空气、电磁等振打方式清灰，有利于回收较高价值的颗粒物，但振打清灰存在粉尘二次飞扬等问题；湿式电除尘器集尘极上的粉尘靠水流排出，湿式清灰可避免二次扬尘，除尘效率高，运行温度低，但操作温度低，存在含尘污水和污泥的处理问题。

电除尘器具有以下优点：（1）净化效率高，能够捕集0.01μm以上的细粒粉尘。在设计中可以通过不同的操作参数，来满足所要求的净化效率。（2）阻力损失小，一般在20mm水柱以下，和旋风除尘器比较，即使考虑供电机组和振打机构耗电，其总耗电量仍比较小。（3）允许操作温度高，如SHWB型电路尘器最好允许操作温度250℃，其他类型还有达到350~400℃或者更高的。(4) 处理气体范围量大。(5) 可以完全实现操作自动控制。

电除尘器结构示意图如图8.3所示。

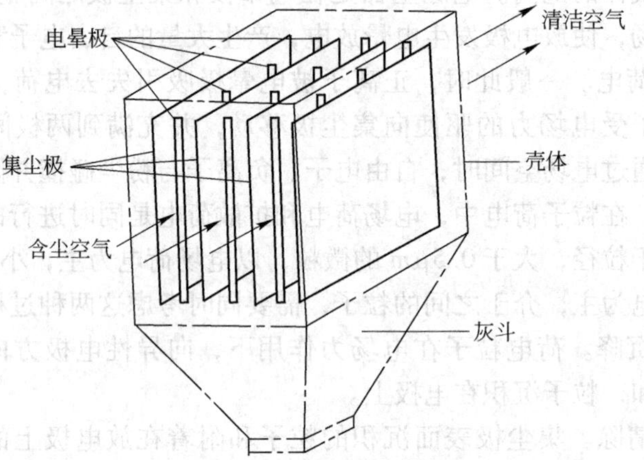

图8.3 电除尘器结构示意图

电除尘器仍存在以下不足之处：(1) 设备比较复杂，要求设备调运和安装以及维护管理水平高。(2) 对粉尘比电阻有一定要求，所以对粉尘有一定的选择性，不能使所有粉尘都获得很高的净化效率。(3) 受气体温度、湿度等的操作条件影响较大，同是一种粉尘如在不同温度、湿度下操作，所得的效果不同，有的粉尘在某一个温度、湿度下使用效果很好，而在另一个温度、湿度下由于粉尘电阻的变化几乎不能使用电除尘器了。(4) 一次投资较大，卧式的电除尘器占地面积较大。(5) 在某些企业使用效果达不到设计要求。

8.1.3 袋式除尘器

使含尘气流通过过滤介质将气固两相流体中的粉尘分离捕集的装置，又称为过滤式除尘器。根据过滤方式可分为表面过滤和内部过滤两种方式。目前采用的表面过滤方式的除尘器主要有袋式除尘器，采用内部过滤方式的除尘器则主要为颗粒层除尘器。其由过滤袋、壳体、灰斗、清灰机构等组成。

袋式除尘器的工作原理：含尘气流从下部进入圆筒形滤袋，在通过滤料（即布袋）的孔隙时，粉尘被捕集于滤料上；沉积在滤料上的粉尘，可在机械振动的作用下从滤料表面脱落，落入灰斗中。粉尘因截留、惯性碰撞、静电和扩散等作用，在滤袋表面形成粉尘层，常称为粉尘初层。粉尘初层是袋式除尘器的主要过滤介质。在粉尘初层未形成以前，新鲜滤料的除尘效率较低。粉尘初层形成后，成为袋式除尘器的主要过滤层，提高了除尘效率。随着粉尘在滤袋上积聚，滤袋两侧的压力差增大，会把已附在滤料上的细小粉尘挤压过去，使除尘效率有所降低。除尘器压力过高，还会使除尘系统处理的气体量显著下降，因此除尘器阻力达到一定数值后，要及时清灰。清灰不应破坏粉尘初层。

袋式除尘器的分级效率曲线如图 8.4 所示。

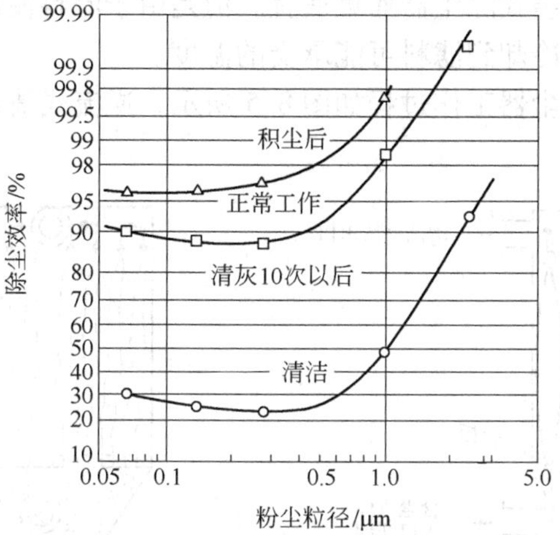

图 8.4 袋式除尘器的分级效率曲线

袋式除尘器除尘效率的影响因素主要是过滤速度。烟气实际体积流量与滤布面积之比，也称气布比。过滤速度是一个重要的技术经济指标。选用高的过滤速度，所需要的滤布面积小，除尘器体积、占地面积和一次投资等都会减小，但除尘器的压力损失却会加大。一般来讲，除尘效率随过滤速度增加而下降。过滤速度的选取还与滤料种类和清灰方式有关。

袋式除尘器对滤料有以下要求：容尘量大、吸湿性小、效率高、阻力低；使用寿命长，耐温、耐磨、耐腐蚀、机械强度高；表面光滑的滤料容尘量小，清灰方便，适用于含尘浓度低、黏性大的粉尘，采用的过滤速度不宜过高；表面起毛（绒）的滤料容尘量大，粉尘能深入滤料内部，可以采用较高的过滤速度，但必须及时清灰。

8.1.3.1 袋式除尘器的清灰

清灰是袋式除尘器运行中十分重要的一环，多数袋式除尘器是按清灰方式命名和分类的。常用的清灰方式有三种：机械振动式、逆气流清灰与脉冲喷吹清灰。机械振动袋式除尘器的过滤风速一般取 1.0 ~ 2.0m/min，压力损失为 800 ~ 1200Pa。此类型袋式除尘器的优点是工作性能稳定，清灰效果较好。缺点是滤袋常受机械力作用损坏较快，滤袋检修与更换工作量大。逆气流清灰的过滤风速一般为 0.5 ~ 2.0m/min，压力损失控制范围 1000 ~ 1500Pa。这种清灰方式的除尘器结构简单，清灰效果好，滤袋磨损少，特别适用于粉尘黏性小，玻璃纤维滤袋的情况。

8.1.3.2 袋式除尘器应用

袋式除尘器作为一种高效除尘器，广泛用于各种工业部门的尾气除尘；比电除尘器结构简单、投资省、运行稳定，可以回收高比电阻粉尘；与文丘里洗涤器相比，动力消耗小，回收的干粉尘便于综合利用，不存在泥浆处理问题。对于微细的干燥粉尘，采用袋式除尘器捕集适宜。但是由于滤料使用温度的限制，处理高温烟气时，必须先冷却到滤料可能承受的温度。

机械振动袋式除尘器工作过程如图8.5所示，逆流式清灰袋式除尘器工作过程如图8.6所示。

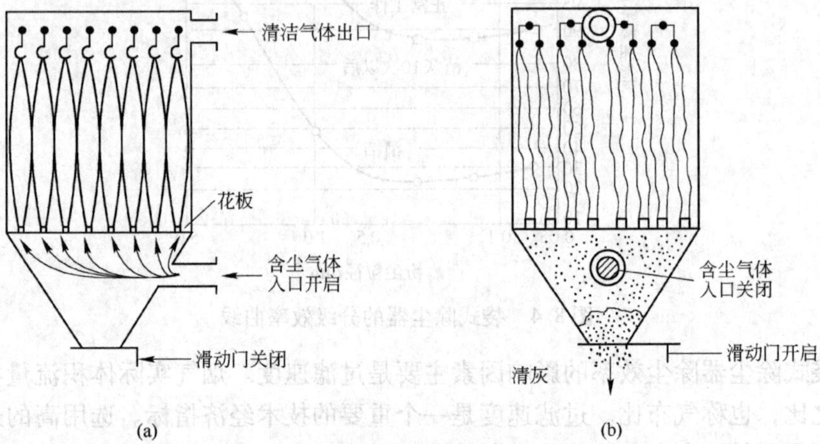

图8.5 机械振动袋式除尘器工作过程

(a) 过滤；(2) 清灰

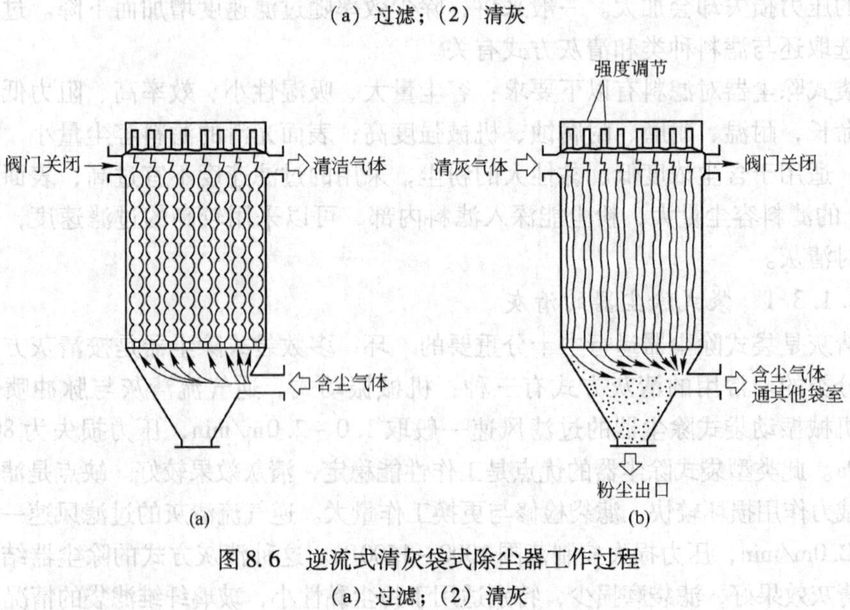

图8.6 逆流式清灰袋式除尘器工作过程

(a) 过滤；(2) 清灰

通常采用的烟气冷却方式：（1）直接喷雾蒸发冷却；（2）表面换热器（用水或空气间接冷却）；（3）混入周围冷空气。处理高温、高湿气体时，为防止水蒸气在滤袋上凝结，应对管道及除尘器保温，必要时还可进行加热。不宜处理含有油雾、凝结水和黏性粉尘的气体。不能用于带有火花的烟气。处理含尘浓度高的气体时，为减轻袋式除尘器的负担，最好采用两级除尘，要先进行预除尘。结露糊袋是袋式除尘设备常见问题，为防止设备结露糊袋，首先要提高气体温度，使烟气温度高于露点温度30℃以上，工业硅烟气入袋温度大于150℃时布袋除尘效果好。处理高湿气体的袋式除尘设备，应对设备进行防腐处理，废气中的硫对除尘器壳体有腐蚀作用，应进行内部防腐处理。露天安装的除尘设备也要进行防锈刷漆，确保袋式除尘设备正常使用。

8.1.4 湿式除尘器

不同类型的湿式除尘器其结构虽有较大差别，但总体上一般由尘气导入装置，引水装置，水气接触本体，液滴分离器和污水（泥）排放装置组成。

8.1.4.1 湿式除尘器的分类

湿式除尘器的类型，从不同角度有不同的分类。按结构可分为：（1）贮水式：内装一定量的水，高速含尘气体冲击形成水滴、水膜和气泡，对含尘气体进行洗涤，如冲激式除尘器、水浴式除尘器、卧式旋风水膜除尘器。（2）加压水喷淋式：向除尘器内供给加压水，利用喷淋或喷雾产生水滴而对含尘气体进行洗涤；如文氏管除尘器、泡沫除尘器、填料塔、湍流塔等。（3）强制旋转喷淋式：借助机械力强制旋转喷淋，或转动叶片，使供水形成水滴、水膜、气泡，对含尘气体进行洗涤。如旋转喷雾式除尘器。

按能耗大小可分为：（1）低能耗型：阻力在4000Pa以下，除尘效率可达90%。这类除尘器包括喷淋式、水浴式、冲激式、泡沫式、旋风水膜式除尘器。（2）高能耗型：阻力在4000Pa以上，对微细粉尘效率高，该类主要指文氏管除尘器。

按气液接触方式可分为：（1）整体接触式：含尘气流冲入液体内部而被洗涤，如自激式、旋风水膜式、泡沫式等除尘器。（2）分散接触式：向含尘气流中喷雾，尘粒与水滴、液膜碰撞而被捕集，如文氏管、喷淋塔等。

8.1.4.2 自激式除尘器

自激式除尘器内先要贮存一定量的水，它利用气流与液面的高速接触，激起大量水滴，使尘粒从气流中分离，水浴除尘器、冲激式除尘器等都是属于这一类。

A 水浴除尘器

图8.7是水浴除尘器的示意图，含尘空气以8～12m/s的速度从喷头高速喷

出，冲入液体中，激起大量泡沫和水滴。粗大的尘粒直接在水池内沉降，细小的尘粒在上部空间和水滴碰撞后，由于凝聚、增重而捕集。水浴除尘器的效率一般为80%～95%。喷头的埋水深度20～30mm。除尘器阻力约为400～700Pa。水浴除尘器可在现场用砖或钢筋混凝土构筑，适合中小型工厂采用。它的缺点是泥浆清理比较困难。

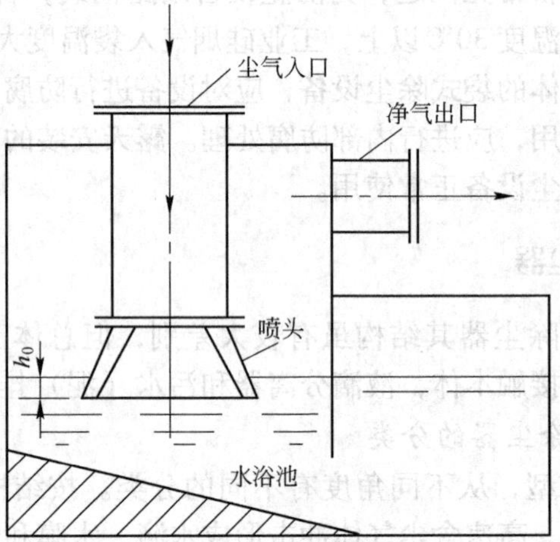

图 8.7 水浴除尘器原理

B 冲激式除尘器

图 8.8 是冲激式除尘器的示意图，含尘气体进入除尘器后转弯向下，冲激在液面上，部分粗大的尘粒直接沉降在泥浆斗内。随后含尘气体高速通过S形通

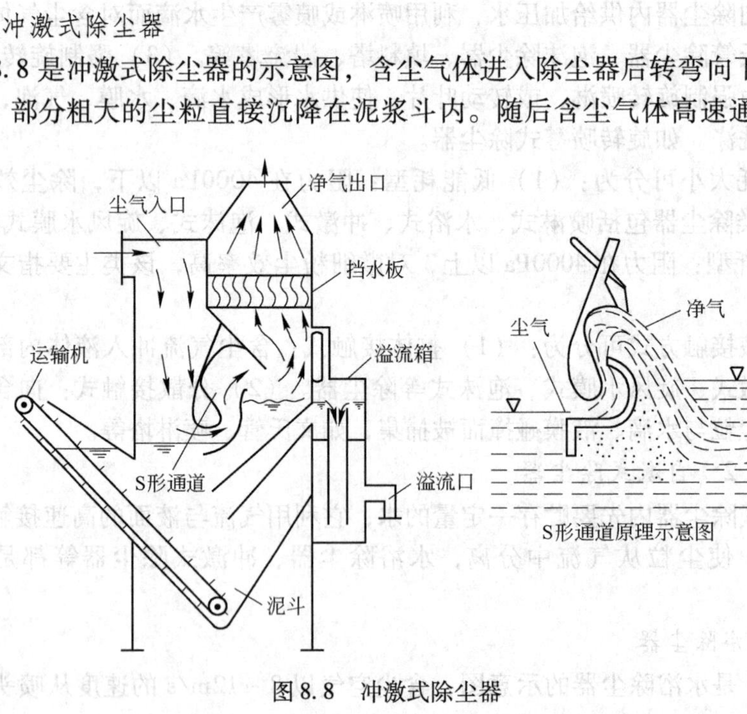

图 8.8 冲激式除尘器

道，激起大量水滴，使粉尘与水滴充分接触。在正常情况下，除尘器阻力为1500Pa左右，对5μm的粉尘，除尘效率为93%。冲激式除尘器下部装有刮板运输机自动刮泥，也可以人工定期排放。

除尘器处理风量在20%范围内变化时，对除尘效率几乎没有影响。冲激式除尘机组把除尘器和风机组合在一起，具有结构紧凑、占地面积小、维护管理简单等优点。

湿式除尘器的洗涤废水中，除固体微粒外，还有各种可溶性物质，洗涤废水直接排入江河或下水道，会造成水系污染，这是值得重视的一个问题。目前国外的湿式除尘器大都采用循环水，自激式除尘器用的水是在除尘器内部自动循环的，称为水内循环的湿式除尘器。和水外循环的湿式除尘器相比，节省了循环水泵的投资和运行费用，减少了废水处理量。

冲激式除尘器的缺点是：与其他的湿式除尘器相比，金属消耗量大，阻力较高，价格较贵。

8.1.4.3 卧式旋风水膜除尘器

图8.9是卧式旋风水膜除尘器的示意图，它由横卧的外筒和内筒构成，内外筒之间设有导流叶片。含尘气体由一端沿切线方向进入，沿导流片做旋转运动。在气流带动下液体在外壁形成一层水膜，同时还产生大量水滴。尘粒在惯性离心

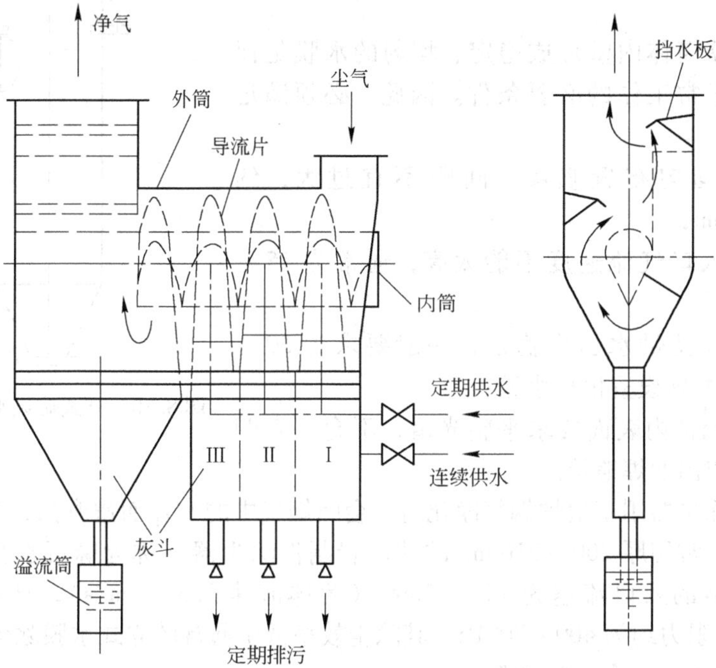

图8.9 卧式旋风水膜除尘器

力作用下向外壁移动，到达壁面后被水膜捕集。部分尘粒与液滴发生碰撞而被捕集。气体连续流经几个螺旋形通道，便得到多次净化，使绝大部分尘粒分离下来。

如果除尘器供水比较稳定，风量在一定范围内变化时，卧式旋风水膜除尘器有一定的自动调节作用，水位能自动保持平衡。

用$\rho_c = 2610 kg/m^3$、中位径 $d_{50} = \mu m$ 的耐火黏土粉进行试验，除尘效率在98%左右。除尘器阻力约为800～1200Pa，耗水量约为0.06～0.15L/m^3。为了在出口处进行气液分离，小型除尘器采用重力脱水，大型除尘器用挡板或旋风脱水。

8.1.4.4 立式旋风水膜除尘器

图8.10是立式旋风水膜除尘器示意图。进口气流沿切线方向在下部进入除尘器，水在上部由喷嘴沿切线方向喷出。由于进口气流的转动作用，在除尘器内表面形成一层液膜。粉尘在离心力作用下被甩到筒壁，与液膜接触而被捕集。它可以有效防止粉尘在器壁上的反弹、冲刷等引起的二次扬尘，从而提高除尘效率，通常可达90%～95%。

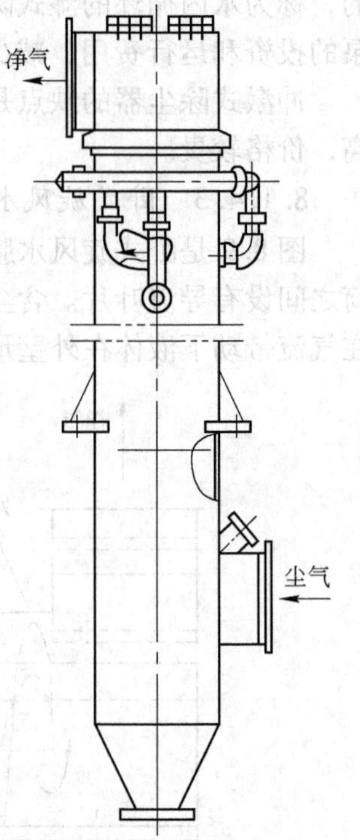

图8.10 立式旋风水膜除尘器

除尘器筒体内壁形成稳定、均匀的水膜是保证除尘器正常工作的必要条件。因此，必须满足以下要求：

（1）均匀布置喷嘴，间距不宜过大，约300～400mm；

（2）入口气流速度不能太高，通常为15～22m/s；

（3）保持供水压力稳定，一般要求为30～50kPa，最好能设置恒压水箱；

（4）筒体内表面要求平整光滑，不允许有凹凸不平及突出的焊缝等。

水膜除尘器用于锅炉烟气净化时，会因烟气中的SO_2而遭腐蚀，降低使用寿命。为此，常用厚200～250mm的花岗岩制作除尘器（称为麻石水膜除尘器）。这种除尘器的入口流速为15～22m/s（筒体流速3.5～5m/s），耗水量0.1～0.3L/m^3，阻力约为400～700Pa，其除尘效率低于通常的立式水膜除尘器。

8.1.4.5 文氏管除尘器

典型的文氏管除尘器如图8.11所示。主要由三部分组成：引水装置（喷雾器)，文氏管体及脱水器，分别在其中实现雾化、凝聚和除尘三个过程。

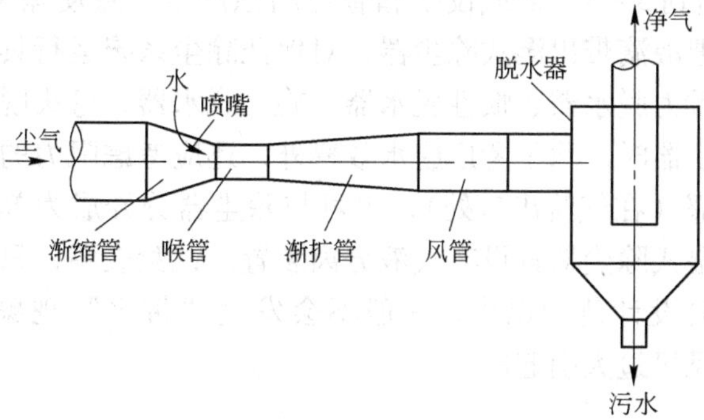

图 8.11 文氏管除尘器

含尘气流由风管进入渐缩管，气流速度逐渐增加，静压降低。在喉管中，气流速度达到最高。由于高速气流的冲击，使喷嘴喷出的水滴进一步雾化。在喉管中气液两相充分混合，尘粒与水滴不断碰撞凝并，成为更大的颗粒。在渐扩管气流速度逐渐降低，静压增高。最后含尘气流经风管进入脱水器。由于细颗粒凝并增大，在一般的脱水器中就可以将粒尘和水滴一起除下。

文氏管除尘器的除尘效率主要取决于以下因素：

(1) 喉管中的气流速度。高效文氏管除尘器的喉管流速高达 60～120m/s，对小于 1.0μm 的粉尘效率可达 99%～99.9%，但阻力也高达 5000～10000Pa。当喉管流速为 40～60m/s，效率约为 90%～95%，阻力为 600～5000Pa。对于烟气量变化的除尘系统（如炼钢转炉）则要求随烟气量的变化而改变喉口大小（称为变径文氏管)，以保持设计流速。

(2) 雾化情况。在文氏管除尘器中，水雾的形成主要依靠喉管中的高速气流将水滴粉碎成细小的水雾。喷雾的方式有中心轴向喷水、周边径向内喷等。

(3) 喷水量或水气比。单位通常用 L/m^3 表示，也是决定除尘器性能的重要参数。一般来说，水气比增加，除尘效率增加，阻力也增加，通常为 0.3～1.5L/m^3。

文氏管除尘器是一种高效除尘器，对于小于 1μm 的粉尘仍有很高的除尘效率。它适用于高温、高湿和有爆炸危险的气体。它的最大缺点是阻力很高。目前主要用于冶金、化工等行业高温烟气净化，如吹氧炼钢转炉烟气。烟气温度最高可达 1600～1700℃，含尘浓度为 25～60g/m^3，粒径大部分在 1μm 以下。

8.1.4.6 湿式除尘器的脱水装置

湿式除尘技术具有除尘与洗涤气体污染物的双重功效，机动灵活，适应性强，投资和运行费相对较低，被环保和有关专家认为是一项适合我国国情的实用技术。但湿式除尘用水量较大，废水直接排放，不仅水资源浪费，而且分离出的灰尘会阻塞排水设施，更重要的是烟气中的二氧化硫、一氧化氮使得灰水呈酸性，其pH值可达到3~4，造成设备和管道腐蚀严重，致使除尘系统停止运行。因此，防止气流把液滴带出湿式除尘器，对保证除尘系统运行具有重要意义。常用的脱水装置有重力脱水器、惯性脱水器、旋风脱水器、弯头脱水器、丝网脱水器等。在选择脱水器时，除了考虑脱水效率外，还应考虑阻力的大小。脱水器可以设于除尘器内部（在气流出口处），也可与除尘器分开成为单独的设备。目前国内定型设计的湿式除尘器都设有气液分离装置。试验表明，只要除尘器的实际处理风量在规定的设计范围以内，一般不会发生“带水”现象，发生“带水”大都是由于选用风机过大引起的。

8.2 烟尘的处理和利用

8.2.1 烟尘的处理

解决烟气对环境重度污染后，又出现了新的问题，工业硅电炉烟气中的粉尘主要是氧化硅粉（二氧化硅），即微硅粉，回收的粉尘最初工厂只作为废料直接或造球后再扔掉。后来工程技术人员认识到回收的粉尘量如此之大，不应轻易丢弃。工程技术人员把目光集中到粉尘应用上，发现氧化硅粉在混凝土中，可使其性能得到改善。针对氧化硅粉的应用，1983年在加拿大，1986年在西班牙还专门召开了两次国际会议。

目前掺有氧化硅粉的混凝土已应用于高层建筑、高速公路、桥梁、石油平台等工程中。苏联曾报道，氧化硅粉可以成为白炭黑、炭黑、滑石、石棉的代用品。至此工业硅电炉烟气净化不再是单纯环保问题了，而是作为生产氧化硅粉的工艺出现在工业硅行业中。由于氧化硅粉的密度平均为150kg/m^3，给运输带来了不便，直接运输会增加成本。工程技术人员通过加大密度的专有技术将其“压缩”成600~800kg/m^3，并具有可流动性的趋于圆形颗粒氧化硅粉。经长期稳定、不断思索进取的技术改进工作，工业硅电炉的烟气净化工艺得以不断完善。

我国开始接触工业硅电炉烟气净化是在1972年，当时沈阳铝镁设计研究院曾为某国设计5000kV·A工业硅厂，在烟气净化方面提供电炉烟气实测资料和方案设计。当时方案设计是采用湿法净化，即烟气先进入旋风洗涤冷却塔，经喷雾降温将烟气降至100℃，然后进入脉冲袋式除尘器。净化后的气体经25m高的烟囱排至大气。洗涤冷却塔设有沉淀池，烟尘运出厂外利用或丢弃。20世纪80年代初期，我国一些工业硅厂陆续开始对烟气进行净化。辽宁某硅厂曾建了一套静电除尘系统，因比电阻过高（5×10μΩ·cm）而放弃。山西中条山硅厂1800kV·A电炉则使烟气引至沉降室、经喷淋再进入布袋除尘器，效果并不理想。上海铁合金厂工业硅炉（2700kV·A）采用正压布袋除尘器除尘系统，取得了较好的效果。此阶段国内的工业硅电炉烟气基本采用高空排放，还谈不上对氧化硅粉的认识。20 世纪 80 年代初我国开始利用氧化硅粉，其中上海铁合金厂、上海市建筑研究所、上海市隧道工程公司第三工程队联合进行冷凝硅粉回收和品质检测工作。1985 年水电部把氧化硅粉作为掺和料的喷射混凝土应用在四川渔子溪二级水电站引水隧洞工程中，同年上海铁合金厂和上海星火化工厂将氧化硅粉在制造泡花碱（水玻璃）取得成功。南京水科院经三年研究，在江苏连云港木材码头上进行试用，每方混凝土节约水泥 80 ~ 110kg，而且施工方便，使用年限延长 1.2 倍。

8.2.2 微硅粉的应用

8.2.2.1 微硅粉在混凝土中的应用

微硅粉掺入水泥混凝土后能很好地填充于水泥颗粒空隙之中，使浆体更微密，另外它还与游离的 $Ca(OH)_2$ 结合，形成稳定的硅酸钙水化物 $2CaO \cdot SiO_2 \cdot H_2O$，该水化物凝胶强度高于 $Ca(OH)_2$ 晶体，主要表现在：

（1）增加强度。使混凝土抗压、抗折强度大大增加，掺入 5% ~ 10% 的微硅粉，抗压强度可提高 10% ~ 30%，抗折强度提高 10% 以上。

（2）增加致密度。抗渗性能提高 5 ~ 18 倍，抗化能力提高 4 倍以上。

（3）抗冻性。微硅粉在经过 300 ~ 500 次快速冻解循环，相对弹性模量降低 10% ~ 20%，而普通混凝土通过 25 ~ 50 次循环，相对弹性模量降低为 30% ~ 73%。

（4）早强性。微硅粉混凝土使诱导期缩短，具有早强的特性。

（5）抗冲磨、抗空蚀性。微硅粉混凝土比普通混凝土抗冲磨能力提高 0.5 ~ 2.5 倍，抗空蚀能力提高 3 ~ 16 倍。

微硅粉的相关试验见表 8.1、表 8.2。

表 8.1 活性指数试验

	项 目	控制配比	测试试配比
原材料/g	525 号硅酸水泥	540	486
	微硅粉	0	54
	标准砂	1350	1350
	水	210	225
	砂浆流动度/mm	111 ~ 113	113 ~ 118
	抗折强度/MPa	10.21	11.46
28 天	抗压强度/MPa	76.1	83.8
活性	抗折	112	
指数	抗压	110	

表 8.2 微硅粉掺量对砂浆强度的影响试验

	项 目	1	2	3	4	5
原材料用量/g	水泥	540.0	507.6	496.8	486.0	475.2
	微硅粉	0	32.4	43.2	54.0	64.8
	标准砂	1350.0	1350.0	1350.0	1350.0	1350.0
	水	238.0	238.0	238.0	238.0	238.0
	减水剂 RC	0	0.54	0.81	1.08	1.35
微硅粉掺量/%		0	6	8	10	12
砂浆流动度/mm		136	142	142	143	139
7 天	抗折强度/MPa	7.66	7.56	7.59	7.19	7.19
	抗压强度/MPa	52.2	49.6	53.0	50.7	49.6
28 天	抗折强度/MPa	9.40	9.68	9.94	9.88	10.27
	抗压强度/MPa	66.0	70.0	73.0	78.0	84.7

微硅粉具体应用于以下工程建设领域：

（1）水利水电工程：大坝进水闸，引水渠道，隧洞，调压井，主厂房下部结构（特别是水机蜗壳）等水工建筑物，充分利用硅粉混凝土具有良好的防水、抗渗、耐冲磨和抗空蚀的特性。从1982年起，先后在葛洲坝、大伙房水库、映秀弯电站、龙羊峡电站等修补和维护的工程中推广应用，通过几个汛期的考验，效果很好。目前微硅粉混凝土在二滩电站、紫坪铺水利枢纽、黄河小浪底水利枢纽工程中大量使用后，也都取得了很好的效果。

（2）工民建工程：微硅粉混凝土具有早强、高强特点，大量用于工业厂房、高层建筑。如辽宁鞍山国际大酒店C50混凝土、北京市财税大楼C110混凝土等。既可增加强度，减小构件截面尺寸，缩短工期，又可节省工程造价。

（3）公路建设：充分利用微硅粉混凝土的早强、高强、耐磨性能，可以修建高等级公路、机场跑道、公路隧道及路面抢修等工程。仪征化纤公司在厂区中心干道用硅粉混凝土修建道路，12h抗压强度达到25MPa，抗磨蚀提高1倍，24h抗压强度达到37MPa，超过设计要求的C20混凝土。

（4）港口、桥梁、盐水工程：微硅粉混凝土致密度高，同时具有很高电阻率，不易形成电化学破坏，增强了抗锈蚀性能。香港青马大桥、江苏连云港木材码头、重庆大佛寺长江大桥就是成功应用范例。

（5）喷射混凝土工程：混凝土中掺入微硅粉后，显著改善了塑性混凝土黏附性能和凝聚性，大幅度降低了回弹量，增大喷射混凝土一次成型厚度，缩短工期，节省了工程造价。在欧美国家，75%的喷射混凝土都掺入硅粉，而挪威和瑞典，微硅粉是喷射混凝土的必备材料。

8.2.2.2 微硅粉在耐火材料上的应用

微硅粉作为一种新原料，在耐火行业普遍使用。它对不定形耐火材料的改善有重要作用。表现为：(1) 传统耐火材料中有众多孔隙，微硅粉充填于孔隙中，提高了体积密度和降低气孔率，强度可明显增强。(2) 微硅粉有强的活性，在水中能形成胶体粒子，加入适量的分散剂，可增强流动性，从而改善浇注性能。(3) 微硅粉在水中易形成 -Si-OH 基，具有较强的亲水性和活性，能增强耐火材料的凝聚，同时对高温性能有较大的改善，并可延长耐火制品的使用寿命。

微硅粉在耐火行业得到广泛应用。实际应用在以下几方面：(1) 代替纯铝氧化泥作耐火材料。(2) 作为添加剂生产不定形和定形耐火制品，使其强度、高温性能大大地改善。(3) 作盛钢桶整体的浇注结合促凝剂。(4) 其他耐火制品的黏聚剂、结合剂、促凝剂、添加剂。

8.2.2.3 微硅粉的其他用途

(1) 水泥工业：在水泥中添加微硅粉后，性能得到改善，质量、标号都大大提高。

(2) 橡胶工业：橡胶加一定量微硅粉后，其延伸缩、抗撕裂性和抗老化度有很大提高，这种橡胶还具有良好的介电性，吸水能力低。

(3) 作防结块剂：代替云母或硅藻土作防止肥料颗粒结块的原料。

(4) 作球团黏合剂：微硅粉比表面积大，吸附性强，在国外作球团矿的黏合剂取得显著效果。

(5) 水玻璃行业：可代替石英矿，生产出模数为 4 的水玻璃。

(6) 在油田作为固井使用：吉林油田、辽河油田、克拉玛依油田等，都大量使用微硅粉，并取得很好的使用效果。

(7) 在绝缘材料、防水材料、油漆、涂料、印刷工业等都得到应用。

我国目前拥有上千座硅铁及工业硅炉，年产微硅粉约 25 万吨，而现在环保设备收集的仅有 6 万吨左右，而大量的微硅粉被排放到大气中，直接污染了环境，同时也是对资源的浪费。因此，微硅粉作为一种不可再生的资源，对它的收集不但是一个环保效益，更是一个具有广阔经济价值的市场资源。

8.3 废气的处理

工业硅生产中产生的烟气主要有一氧化碳、二氧化碳、氮气、氧气、水蒸气、氢气、一氧化硅气体和气态硅等几种，粉尘主要有 SiO_2、C、MgO、CaO、Fe_2O_3 等，其中二氧化硅占 93% 以上。

自从矿热电炉问世以来，矿热炉在生产过程中产生的大量高温烟气一直采取高空排放。随着经济发达国家的工业化迅猛发展，20 世纪 50 年代这些国家首先意识到保护人类生存环境的重要性，因此工业硅矿热炉烟气被列为对环境重度污染源之一。工程技术人员开始研究如何对电炉烟气中的粉尘进行净化治理，控制烟气对环境的污染。

目前，国内矿热炉所用的几种除尘方式有湿法净化除尘、电除尘、干法除尘等几种：

(1) 湿法净化除尘：该方法适应于含尘物质或气体易溶于水或具有一定重量易于沉降过滤的含尘气体。而工业硅矿热炉烟气中的微硅粉粒度很细，直径为0.01～1μm；比重小（0.15～0.2t/m^3），吸湿性极差，胶结性能好，不易沉降。实际的收尘实践证明不适于采取湿法除尘。

(2) 电除尘：电收尘也是气体净化的好的方法。它是以电力直接作用于悬浮粒子上而使粒子与气体分离，此种方法消耗能量小，除尘效率可达90%～99%。但它只能处理比电阻小于2×10Ω·cm，粒度在1～200μm的烟尘。而微硅粉的比电阻大约5×10Ω·cm，粒度为0.01～0.1μm。因此，不适于用电除尘。在20世纪70年代抚顺铝厂105分厂在一台6300kV·A电炉上曾安装了电除尘，但由于除尘效率低等原因而不得不取消。

(3) 干法流程：工业硅电炉烟尘的性质和国际各厂家运行实践证明，采用干法流程是较适宜的。但由于电炉烟罩的高低不同前面采用的设备有所不同。对于矮烟罩的工业硅电炉，由于烟罩内温度较高，采用掺冷风冷却极为不利。因此，必须在电炉内安装余热锅炉，这样不但可以把烟气温度降下来，而且还可以生产高温蒸汽，达到了余热利用的目的。对于高烟罩的工业硅电炉，由于出烟罩的温度一般在170～200℃，经烟道和预除尘器后进风机和布袋除尘器的温度一般在100℃左右，布袋除尘器完全可以承受。运行平稳，效果良好。

在干法处理矿热炉烟尘的设备系统中，由于工业硅电炉烟气的特点是烟气温度高，首先要确定选用什么样的滤料合适，然后根据其滤料决定选用相应的除尘器。最早用于除尘方面的滤料为棉质等天然纤维织物，应用范围局限很小。合成化纤织物滤料问世后，由于其强度高、耐磨、承受一定的温度，广泛地被应用在各行各业，但最高温度仍不能超过140℃。理论上那么按此滤料所能承受温度设计的除尘器基本用于矿热电炉。具体使用时，对温度应有严格的控制措施，需将烟气降至100℃左右。烟气温度如果一旦控制不好，短时间除尘器内的滤袋就会因烟气温度过高而烧损。因为高温烟气在管道内的流速达20～25m/s。当温度超高时，控制阀门及风机的关闭很难瞬间做出反应，因此，必须寻找耐高温的滤料。20世纪70～80年代期间，科研人员一直在人造及合成纤维、无机纤维方面进行研制，目的就是找到一种耐高温、抗拉强度高、抗化学腐蚀性强、经济适宜的滤料。经过对合成纤维中的聚酯纤维、聚丙烯纤维、芳香族聚酰胺纤维、无机纤维的玻璃纤维等性能分析，最后确定了采用玻璃纤维。目前，在电炉烟气净化中玻璃纤维仍是经济合适的滤料。

在选好除尘滤料之后，还要考虑除尘压力设计。除尘器的设计制造分为正压、负压形式，清灰分为反吸风、反吹风、机械振打和脉冲喷吹方式。若采用玻璃纤维滤料的“反吹风清灰”方式，则就决定了除尘系统是负压运行。由于除尘器内的滤袋是套在用金属作为支撑的骨架上，清灰时玻璃纤维滤袋和骨架频繁接触摩擦损坏较快。这样除尘清灰效果会受到影响。若除尘器采用正压运行。则这种除尘方式不需支撑滤袋的金属骨架。滤袋只同粉尘、烟气气流接触，因此延长了滤袋使用时间。经长期运行情况证明正吹清灰除尘效果良好。

9 工业硅冶炼技术的发展趋势

9.1 节能降耗与清洁生产

余能是在一定经济技术条件下，在能源利用设备中没有被利用的能源，也就是多余、废弃的能源。它包括高温废气余热、冷却介质余热、废气废水余热、高温产品和炉渣余热、化学反应余热、可燃废气废液和废料余热以及高压流体余压等七种。其中最主要的是余热。根据调查，各行业的余热总资源约占其燃料消耗总量的17% ~67%，可回收利用的余热资源约为余热总资源的60%。余热的回收利用途径很多。一般说来，综合利用余热最好；其次是直接利用；第三是间接利用（产生蒸汽、热水和热空气）。余热蒸汽的合理利用顺序是：（1）动力供热联合使用；（2）发电供热联合使用；（3）生产工艺使用；（4）生活使用；（5）冷凝发电用。余热热水的合理利用顺序是：（1）供生产工艺常年使用；（2）返回锅炉使用；（3）生活用。余热空气的合理利用顺序是：（1）生产用；（2）暖通空调用；（3）动力用；（4）发电用。但是这不是绝对的，需要每个工厂根据自己实际生产条件和需要而定。

在工业硅冶炼中所有能源供入项为电能和化学反应能，能源支出项为氧化物还原、金属硅潜热、逸出气体、炉面、炉体、短网、冷却水带走热。由于国内外在电能节约方面研究得比较多和透彻，目前工业硅冶炼电效率基本都在92%以上。但是，电能最终要转变为热能才是反应所需的，矿热炉冶炼系统的热效率一般仅有60% ~70%，因此，整个冶炼系统能源利用效率都低于70%，这样大量的热被逸出气体、炉面、炉体、短网、冷却水、金属硅所带走和散失。

从研究资料可知，金属硅带走的热占热量总供入量的5.98%，即269456kcal/h(1cal =4.184J)。这部分热是以金属硅潜热形式存在，硅液1600 ~1800℃，硅锭为常温20 ~30℃，其热具有间断性（出硅前后）、释放缓慢性，存在能量密度低、不便于接触、不便于引出等特点。在目前经济技术条件下，金属硅的潜热只能以热辐射与对流的方式将这部分热引导出来，其可能的利用方式为烘干物料、预热物料、加热洗澡用水（该余热每小时能使2.7t水从0℃升到100℃)、加热生活用水。

炉面损失的热占总热量的5.97%，即26933kcal/h，与金属硅带走的热相当。这部分热总量大、能流持续平稳、密度小，主要以热辐射与对流形式损失，但是

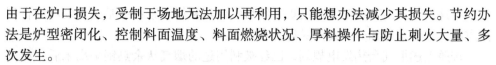

由于在炉口损失，受制于场地无法加以再利用，只能想办法减少其损失。节约办法是炉型密闭化、控制料面温度、料面燃烧状况、厚料操作与防止刺火大量、多次发生。

炉体损失的热占总热量的3.69%，即166448kcal/h。这部分热与料面损失的热性质相同，它以热传导形式损失，利用也很困难，也只能想办法减少其损失。减少办法是加强炉体隔热性能。

短网损失的热占总热量的7.47%，即336738kcal/h。这部分热主要损失在电缆、铜瓦、电极对外热辐射上，数量很大，但是受制于场地、能流密度小等限制，也是无法利用的热损，只能想办法减少。减少办法就是缩短短网，使用适当电流冶炼，选用制造后导电性能好的短网。注意不能使用保温材料包裹的办法，否则会适得其反。

冷却水带走的热占总热量的16.46%，即750000kcal/h。这部分热产生于变压器、电缆母线、铜瓦，是种功能用水，一般要求入口20～30℃，出口30～40℃，水在循环池中来回循环使用，所以冷却水带走的热量虽然很大，但是不能够被利用。这部分热可以想办法减少，具体措施为：（1）变压器方面要求硅钢片性能好，材料、制造都要选技术好的厂家来做。减少短网闪变，避免过大电流操作。（2）电缆母线方面要求选用材料热阻小并要求制造水平高的厂家来生产，尽量减少电缆布置长度，避免过大电流操作。（3）铜瓦基本要求也如此，要求使用锻造工艺制造。

逸出气体（烟气）带走的热量占总热量的18.35%，即826633kcal/h。烟气从炉内部产生，透过料面以后，温度在400～600℃，6300kV·A的矿热炉烟气流量（标态）为4万～8万立方米/h，烟气成分为N_2、O_2、CO_2、H_2O及少量其他气体。以往国内企业大多数直接排放，不仅污染了环境，而且造成能源损失。近年来在环保部门要求下，各企业相继安装了布袋除尘器。烟气在进入布袋除尘器之前温度必须降到120℃以下，降温措施为混风冷却、空冷、水冷，部分企业的水冷方式产生的热水被用于生产（洗原料、解冻）或生活（洗澡、洗碗），但是混风方式占多数，空冷也有少量，它们吸收或交换的热都被再次损失掉。从当前烟气处理来看，烟气余热都没有得到利用或很好地利用。

烟气余热利用是余热种类当中最便于利用的一种形式，一般烟气具有较高的温度，流量较大，携带的热量较多，回收利用方便（用对流换热即可回收），不受场地限制，转换容易（转换为蒸汽）。因此，对烟气的余热回收应加以重视。烟气余热回收得到的能量利用方向为生产用与生活用或者是二者联合使用。生产用一是为本工艺流程服务如预热物料、解冻，二是为其他工艺服务如余热发电、烘干其他物料、加热其他产品或是二者的复合。生活用一是洗澡，二是供暖制冷或是二者的复合。

在这里，提出两种工业硅冶炼系统烟气余热利用方案：一是余热发电综合利用方案，二是余热加热配套产品综合利用方案。

按照上述烟气余热发电规划，已经被利用过的烟气从余热锅炉出来后，温度仍然有300℃，由于温度较低，其热能品位降低，利用难度加大。为充分利用好能源，提高能源利用效率，根据烟气余热梯级利用原理，其热量可以被用来产生余热锅炉补汽。但是从补汽锅炉出来的烟气温度仍然有200℃左右，这部分烟气仍包含热量，对此，这部分热量可以用来产生热水用于预热物料、解冻（北方地区）、洗澡，然后被冷却到120℃以下的烟气可以符合标准地进入布袋除尘器进行处理。整个烟气余热发电综合利用方案系统示意图如图9.1所示。

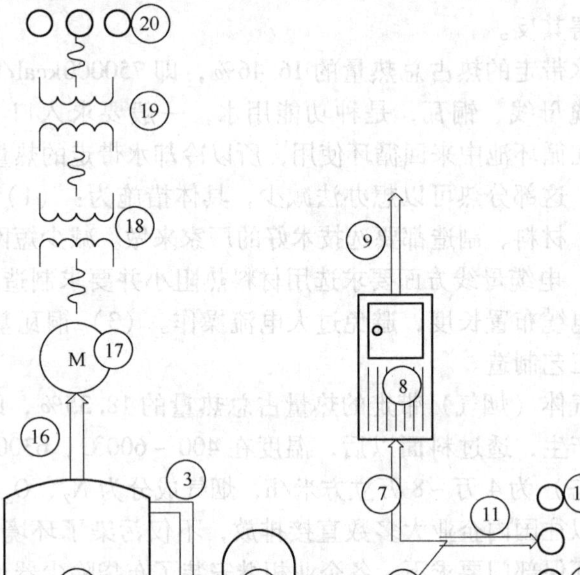

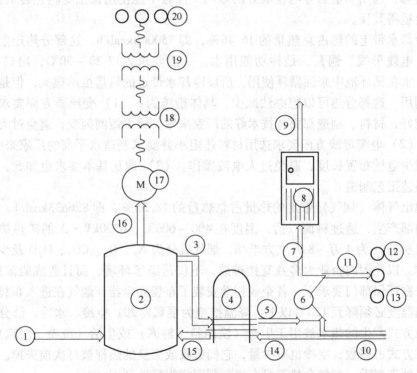

图9.1 烟气余热发电综合利用方案系统示意图

1—400℃烟气；2—余热锅炉；3—300℃烟气；4—补汽锅炉；5—200℃烟气；6—换热器；7—100℃烟气；8—布袋除尘器；9—可排放烟气；10—循环水；11—80℃热水；12—预热解冻；13—洗澡；14—20℃补水；15—150℃补汽；16—290℃蒸汽；17—汽轮机；18，19—变压器；20—用户

该方案从能源利用与工艺角度来讲，它能源利用比较充分，能源利用率高，出口烟气温度能立即达到布袋尘除尘器的要求，不需要另外投资降温装置，工艺配合性好。但是从经济性角度来考虑，也许还有更好的方案。

工业硅矿热炉烟气含的大量热量可以实现多种用途，除了发电之外，实际上，电还只是一种低附加值产品（3600kJ 热量换成电为 1 度，产值为 0.5 元，而由于目前蒸汽发电效率为 30% ~45%，所以要 10000kJ 热量才换回 0.5 元）。大家往往局限于原有的思维，一想到余热利用就是发电、预热产品、制冷供暖、烧水洗澡，对于开拓创新利用余热研究不够。

要用热来转换为另外一种产品，转换形式并非一定是从一种能源产品到另外一种能源产品，可以是一种能源产品到另外一种物质产品，只要该物质产品能与热存在一定的联系。对于烟气余热而言，就是要寻找到一种与这种中温、低温热能相适应的物质产品。这种产品在化工、轻纺等领域广泛存在，例如塑料生产、造纸、纺织、有色金属蒸汽浸出等。

9.2 木炭还原剂替代技术

工业硅是以硅石为原料，以石油焦、木炭等为还原剂，在金属硅生产矿热炉中冶炼而得。金属硅产业的发展受原料影响较大，在我国金属硅生产中所用的还原剂主要有木炭、石油焦和洗精煤。由于石油焦高温下石墨化程度高，还原活性低，烟煤灰分高，影响产品质量，只能少量配入，还不能完全取代，木炭因具有固定碳高、灰分低、比电阻大、还原性和透气性好等优点，一直作为传统金属硅生产的理想还原剂。而木炭的生产需要消耗大量森林资源，严重破坏了生态环境，随着环境保护，生态建设意识的增强，国家对森林资源的禁伐，使木炭的采购越来越困难，价格也大幅度上涨，使金属硅的生产成本不断上升，严重影响企业经济效益。

据资料统计：在金属硅生产中，木炭还原剂大约占生产成本的 35% ~40%。按照目前国内生产 1t 金属硅木炭的消耗为 1.6t，烧制 1t 木炭则要消耗 5t 左右木材计算，我国金属硅生产年将消耗大面积的森林资源，而我国森林覆盖面积不到国土面积的 10%，森林还需要一定的生长周期，从长远来看，大量的森林砍伐不符合保护生态环境、创建低碳社会、发展循环经济的要求，硅产业的发展不能以大量消耗并不富裕林木资源为代价，因此金属硅冶炼木质还原剂的替代技术研究已成为当前企业发展的首要任务。利用铝电解废阳极、洗精煤、石油焦、碳粉球团作为金属硅冶炼木质还原剂的替代品，拓宽了还原剂的选择和使用范围，减少了金属硅冶炼所用木炭量，2011 年实现了 25.18% 的替代量，2012 年实现了 39.02% 的木炭替代量，按 1t 木炭需要 5t 木材烧制折算，两年累计少砍伐木材 94.16 万立方米，使铝电解废阳极和碳粉得到了资源化利用，有效解决了金属硅生产炭质还原剂的瓶颈问题，减少了对森林资源的消耗，对保护生态环境具有十分重要的现实意义。

9.3 块状还原剂入炉试验

为探索前期试验中所得团块对工业硅冶炼的影响，进一步找到适合工业硅冶炼的块状还原剂的参数。在此进行团块直接入炉替代木炭冶炼工业硅的试验。试验中，精煤: 石油焦: 木炭为7: 3: 1，微硅粉添加6%，水分添加10%，成型压力为20MPa，石油焦与木炭颗粒的主要粒度为380 ~ 830μm，黏结剂为复合黏结剂分别为水玻璃与腐殖酸钠复合的Ⅰ号黏结剂，其中腐殖酸钠: 水玻璃为7: 3，总量添加10%；水玻璃与腐殖酸钠和淀粉复合的Ⅱ号黏结剂，水玻璃: 腐殖酸钠: 淀粉为7: 3: 2，总量为6%；水玻璃与腐殖酸钠和改性稻草复合的Ⅲ 号黏结剂，水玻璃: 腐殖酸钠: 改性稻草为7: 3: 10，总量为10%。团块成型后经充分干燥后入炉冶炼，试验地点在云南某公司5号矿热炉进行。团块中灰分和比电阻及化学活性检测见表9.1 ~ 表9.3。

表9.1 团块灰分（质量分数）分析

编 号	W/%	V/%	C/%	A/%	Fe_2O_3/%	Al_2O_3/%	CaO/%
Ⅰ号黏结剂团块	1.65	19.95	65.54	12.86	1.46	3.40	1.22
Ⅱ号黏结剂团块	1.71	21.37	66.30	10.62	1.15	3.00	1.42
Ⅲ号黏结剂团块	1.89	21.99	65.21	10.91	1.08	4.51	1.65

注：表中 Fe_2O_3、Al_2O_3、CaO 的含量为在灰分中所占的比例。

从表9.1可知，三类黏结剂所生产的团块灰分均在10%以上，比工业硅生产中对还原剂入炉的灰分要求大得多。原因是在造块过程中添加了6%的微硅粉，微硅粉中含有93.47%的二氧化硅，微硅粉的添加不仅能改善团块的综合性能，还能为工业硅生产厂家的微硅粉找到新的市场，提高其利用价值。另外，灰分含量虽然增加，但其中的铁、铝和钙等的含量分别为1.08%、0.49%、1.40%，这些杂质均较低，只要在配料过程中增加一部分还原剂的量，以用于微硅粉中的二氧化硅消耗，就对炉况及产品质量影响甚微。

表9.2 团块比电阻检测

编 号	Ⅰ号黏结剂团块	Ⅱ号黏结剂团块	Ⅲ号黏结剂团块
比电阻 $\rho/\mu\Omega \cdot m$	925.4	937.2	919.8

表9.3 不同黏结剂的团块的化学活性

样品名称	不同温度下对 CO_2 化学反应性 a/%						
	800℃	850℃	900℃	950℃	1000℃	1050℃	1100℃
Ⅰ号黏结剂团块	2.6	4.6	8.8	15.6	26.9	39.4	53.4
Ⅱ号黏结剂团块	2.4	5.1	8.6	16.1	30.3	45.0	58.1

续表 9.3

样品名称	不同温度下对 CO_2 化学反应性 a/%						
	800℃	850℃	900℃	950℃	1000℃	1050℃	1100℃
Ⅲ号黏结剂团块	2.7	5.0	8.9	15.2	27.8	41.4	56.2

表 9.4 硅石成分分析

成 分	SiO_2	Fe	Al	Ca	其他
含量/%	98.9	0.087	0.208	0.004	0.801

9.3.1 黏结剂对产品质量及炉况的影响

因三类复合黏结剂所生产的团块性能各异，且三类团块均满足工业硅冶炼入炉要求。所以，可通过入炉试验，考察三类黏结剂与产品和炉况的关系，进而找出最适合工业硅还原剂制备的黏结剂。在入炉试验中，考虑到新型还原剂对炉况的影响，在新型还原剂下部分工艺操作不成熟，为避免过多的新型还原剂造成死炉等情况发生。此类新型块矿还原剂需搭配一定比例的块状木炭入炉，新型还原剂的替代量为 40%。试验结果见表 9.5。

表 9.5 黏结剂类型与产品质量和炉况的关系

名 称	产量 $/t \cdot d^{-1}$	421 级品率 /%	3303 级品率 /%	电耗 $/kW \cdot h \cdot t^{-1}$	电极消耗 $/kg \cdot t^{-1}$
Ⅰ号黏结剂团块	47.1	48.4	20.6	11413	67.6
Ⅱ号黏结剂团块	47.4	49.14	26.1	11395	66.9
Ⅲ号黏结剂团块	46.9	47.5	21.3	11374	68.1

从试验结果可以看出，Ⅱ号黏结剂团块各项指标均优于其他两种团块。原因是第一中团块中灰分较大，灰分中的二氧化硅在冶炼过程中会消耗部分碳，致使电极消耗增加。第三种团块的热强度相对弱些，高温下产生的粉料较多，会影响炉料透气性。

9.3.2 新型还原剂替代量对工业硅生产的影响

试验中造团黏结剂为Ⅱ号黏结剂。块状还原剂的搭配比例分别为 0%、20%、40%、50%。试验中严密跟踪产品质量变化和炉况运行情况，发现异常立即改变还原剂入炉配比。试验结果见表 9.6。

表9.6 块状还原剂入炉试验结果

块状还原剂 /%	产量 /t·d^{-1}	421级品率 /%	3303级品率 /%	电耗 /kW·h·t^{-1}	电极消耗 /kg·t^{-1}
0	47.7	47.39	15.84	11446	72.7
20	47.9	48.87	22.6	11422	71.4
40	47.4	49.14	26.1	11395	66.9
50	47.5	49.79	30.90	11360	63.2

由试验可知，当块状还原剂替代木炭量增加时，产品品级率也随之增加。虽然入炉团块的灰分较高，但灰分中主要成分为二氧化硅。因此，对产品的质量影响不明显，只是在配料过程中需增加这部分 SiO_2 所需消耗的还原剂。电能消耗也随块状还原剂的增加而逐渐降低，主要原因是随块状还原剂配比的增加，洗精煤的配比也增加，而洗精煤的比电阻较高，这样有利于电极下插，电耗下降。

另外，在试验中还发现，木炭被替代至40%以前，整个炉况的变化也不大，料面烧结好，电极下插容易，电流波动较小。原因是新型块状还原剂粒度均匀，整个料层透气性好。当将替代量增加至50%时，由于该新型还原剂与木炭相比，其烧结性和石墨化程度均较好，且挥发分较大。在高温挥发分逸出之后，料层在下沉过程中团块之间因相互摩擦会产生一定粉料，粉料会充填在料层中的团块之间，而该团块本身孔隙率较木炭低，致使炉料下沉减缓，料面透气性变差，出现塌料和刺火现象的次数增加。但只要增加捣炉次数，多扎气眼，并适当将料面降低，这些不良现象就可被减少。

9.4 装备水平的改进与提高

我国工业硅行业由于技术装备落后，能耗高，环境污染重等原因，一直是国家限制发展的产业。近年来，受国际硅市场价格大幅上涨的影响，我国工业硅生产发展很快，技术装备水平也不断提高，一批单炉容量在6300kV·A以上的硅炉相继建设，甚至有的企业引进国外先进技术，单台硅炉容量已达到39000kV·A。同时各工业硅电炉的烟气治理等环保措施也得到高度的重视，采用矮烟罩密闭集气系统和成熟的除尘技术和设备，取得了明显的效果。但是，随着国家产业结构调整力度的加大和环保标准的日趋严格，一些装备水平低，环境污染严重的工艺设备和企业也陆续被淘汰或关停，因此，当前的国家产业政策和环保标准是关系到我国的工业硅企业能否生存和发展的重要因素。

我国工业硅生产突出的特点是：工业硅炉容量小，大都在6300~12500kV·A；台数多，生产企业多达200多个，在有色、钢铁、机械、化工、军工等不同地区的不同行业中均有分散。而国外工业硅炉容量大且少，大多在10000kV·A以

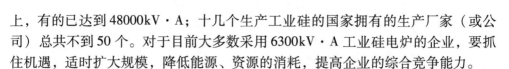

上，有的已达到48000kV·A；十几个生产工业硅的国家拥有的生产厂家（或公司）总共不到50个。对于目前大多数采用6300kV·A工业硅电炉的企业，要抓住机遇，适时扩大规模，降低能源、资源的消耗，提高企业的综合竞争能力。

烟尘污染主要来自工业硅企业的电炉冶炼过程烟尘污染。长期以来，电炉烟气治理难度大，主要原因如下：（1）受工业硅电炉装炉、加料、出硅和电极升降等操作的影响，电炉密闭困难，电炉冶炼过程中逸散出来的高温烟气难以收集到除尘净化系统，烟气密闭捕集效率低。（2）电炉烟气温度高，需要有效的降温措施才能进入布袋除尘器。由于烟气温度高，容易造成电炉密闭罩变形或烧损，影响密闭效率，操作维护困难，造成除尘系统不好使，甚至报废。而且对降温系统要求严格，一旦进入布袋除尘器的温度过高，布袋滤料容易被烧坏，造成布袋除尘器失效，粉尘超标排放。（3）电炉烟气粉尘密度轻，粒径细，不易收集。一般需要采用高效的布袋除尘器净化才能保证达标排放。

（1）主要技术设备。工业硅矿热炉采用矮烟罩半封闭型或全封闭型电炉，密闭集气效率80%以上；采用空气或水冷却器降低烟气温度；采用大型正压内滤式布袋除尘器，采用耐高温玻璃纤维覆膜滤料布袋，过滤风速一般小于0.8m/min，除尘效率99%以上。

（2）微硅粉经济效益。电炉烟气净化回收的微硅粉具有明显的经济效益，微硅粉作为添加剂以它细微的粒度、极强的活性和良好的保温性能及耐高温性能广泛应用于水泥、混凝土、耐火浇注料、化肥、化工、橡胶等行业。目前国内硅微粉价格约1500～2000元/吨，工业硅厂每生产三吨工业硅可回收一吨硅微粉。6300kV·A工业硅电炉生产一天能回收硅微粉3～4t，回收价值可观。一台6300kV·A工业硅电炉烟气净化除尘系统投资160万元，最多一年就能收回投资。

（3）工业硅电炉烟气净化系统投资估算。以6300kV·A工业硅炉为例，一般电炉烟气净化系统投资估算约160万～180万元左右。总的投资费用包括钢制烟道、二次燃烧室、换热器、滤袋室、滤袋、辅助设备和土建工程。设备主要有一台高温引风机1台，180～250kW功率电机。其他设施根据现场实际，采用砖混结构和非标准钢制，建设周期2～3个月。

我国工业硅行业要按照国家要求，提高装备水平，淘汰6300kV·A以下电炉，降低能源、资源消耗；大力开展清洁生产；严格执行有关的环保标准，采用先进成熟的烟气净化技术对工业硅冶炼过程中散发的烟尘进行治理，回收的微硅粉尘并作为建筑材料添加剂加以综合利用。在取得较好的环境、经济效益的同时，提高企业的竞争力，促进工业硅行业健康有序地发展。

第2篇

硅铁生产

10 概　　述

10.1 硅铁的性质和种类

硅铁就是铁和硅组成的铁合金。硅铁是以焦炭、钢屑、石英（或硅石）为原料，用电炉冶炼制成的铁硅合金。由于硅和氧很容易化合成二氧化硅，所以硅铁常用于炼钢时作脱氧剂，同时由于 SiO_2 生成时放出大量的热，在脱氧的同时，对提高钢水温度也是有利的。同时，硅铁还可作为合金元素加入剂，广泛应用于低合金结构钢、弹簧钢、轴承钢、耐热钢及电工硅钢之中，硅铁在铁合金生产及化学工业中，常用作还原剂。

10.1.1 硅铁的物理性质

硅铁浇注厚度，FeSi75 系列各牌号硅铁锭不得超过 100mm；FeSi65 锭不得超过 80mm。硅的偏析不大于 4%。大粒度：50 ~ 350mm，中粒度：20 ~ 200mm，小粒度：10 ~ 100mm，最小粒度：10 ~ 50mm，其中小粒度占 90% 以上。

硅铁密度随硅含量增加而减小（见图 10.1）。利用图 10.1 可以快速测定硅铁的含硅量。液态硅铁在缓慢冷却过程中，密度小的富硅部分上浮，密度大的硅化铁下沉，使硅铁的成分产生偏析。为减少硅铁锭的偏析，必须降低硅铁浇铸温度，控制锭厚度，或分层浇铸和加快锭的冷却速度。

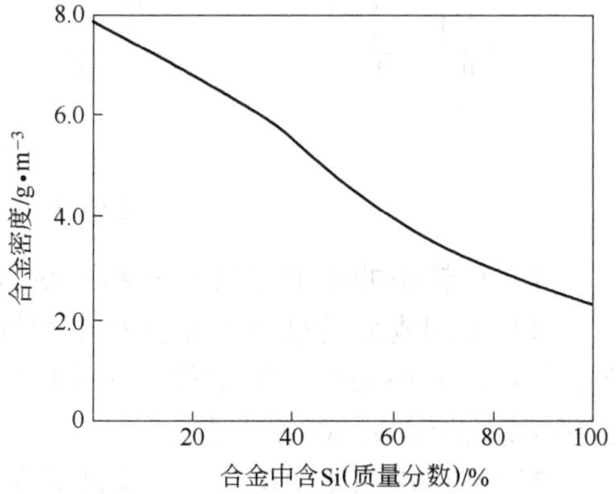

图 10.1 硅铁密度与含硅量的关系

10.1.2 硅铁的化学性质

硅与铁可以形成 Fe_2Si、Fe_3Si_3、FeSi、$FeSi_2$ 等硅化物，它们是硅铁的主要组分。图 10.2 所示为硅铁状态，由图 10.2 可以看出：

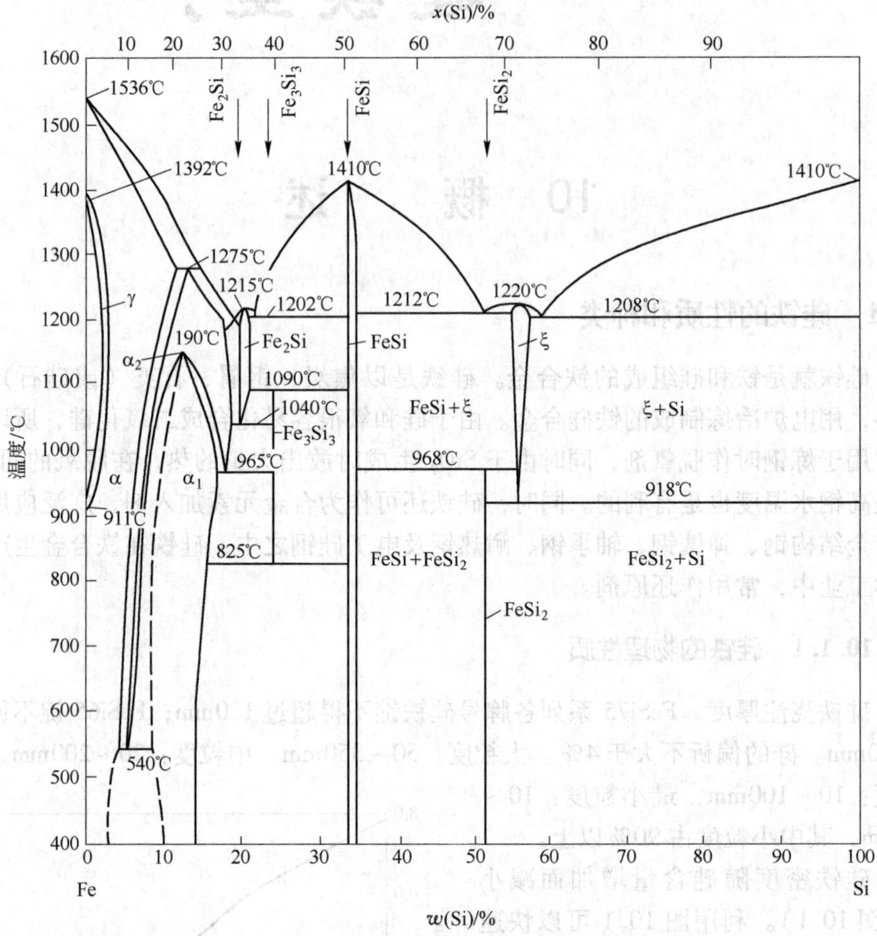

图 10.2 硅铁状态

（1）硅铁中的硅主要以 FeSi 和 $FeSi_2$ 形式存在，特别是 FeSi 较为稳定。

（2）不同成分的硅铁的熔点也不相同，例如，75 硅铁（FeSi75）熔化温度范围为 1300 ~ 1330℃，45 硅铁（FeSi45）熔化温度范围为 1250 ~ 1360℃。一般冶炼温度比熔点高 300℃左右。

（3）在硅铁相图中可见，当含硅量在 53.5% ~56.5% 之间时，硅铁中存在 ξ 相。在冷却过程中，随着 ξ 相向 $FeSi_2$ 转化，固体硅铁锭发生显著的体积变化，使铁锭内部产生裂缝，造成硅铁化物的形态，聚集于晶粒间界，因此成分在ξ相区附近的硅铁较易粉化。

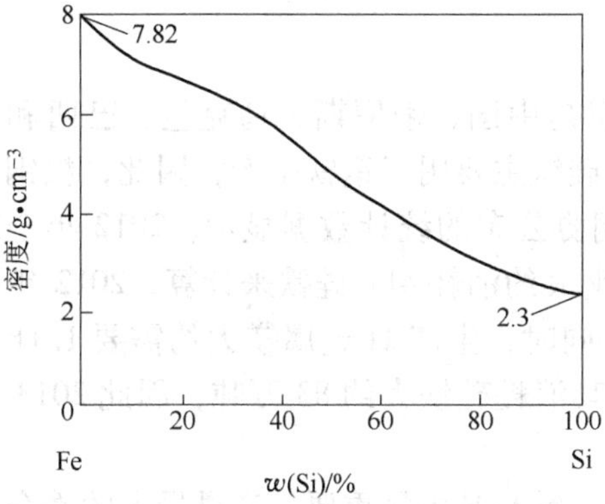

图 10.3　硅铁密度和含硅量的关系

（4）硅铁密度。硅铁的密度如图10.3所示，从图10.3可以看出，硅铁的密度与硅铁中含硅量有明显的简单关系，随着含硅量的增加，硅铁的密度逐渐减少。据此在工厂中常利用密度法来快速测定硅含量，以供炉前作为确定合金含硅量的依据。密度法测定硅，使用校正后的误差为1%。对精确度要求高的分析，可采用重量法，重量法误差对45%硅铁为±0.2%，对75%硅铁为±0.25%，对90%硅铁为0.3%。

（5）其他化合物。在1200～1300℃以上的温度，将细粉状硅在氮气氛中加热时，能形成极为坚固的氮化硅 Si_3N_2。硅与钙可形成一系列硅化钙如 Ca_2Si、CaSi、$CaSi_2$ 等。

当空气中的水分渗入铁锭内的裂缝后与聚集在晶粒间界的磷化物和砷化物反应，生成有毒的 PH_3 和 AsH_3 气体，使晶粒间界遭到彻底破坏，也是硅铁粉化的另一因素。工业硅铁中的氢和氧的含量与它的原始含量有关。凝固后硅铁中的氢、氧含量与硅含量的关系见图10.4。

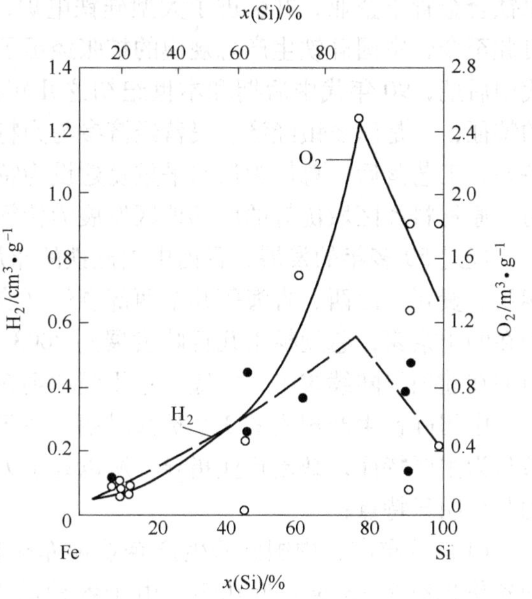

图 10.4　硅铁中的氢、氧含量（25℃）

10.1.3　硅铁的种类

硅铁是铁和硅组成的铁合金。炼钢用作脱氧剂与合金剂。铸铁中用作脱氧剂与变性剂。选矿工业用作加重剂，焊条用作涂料，铁合金工业用作还原剂。硅铁品种，按照含硅量划分，如FeSi90（含87%～95% Si），FeSi75（含72%～80% Si），FeSi65（含63%～68% Si），FeSi45（含40%～47% Si），FeSi15（含14%～20% Si）等。根据不同用途对杂质Al、Ca、S、P、C、Mn、Cr等另有规定。以硅铁为基组成的复合合金品种很多，重要的有镁硅铁，用作生产球墨铸铁的球化剂；铝硅铁，用作炼钢脱氧剂等。

10.2 硅铁的生产现状

目前在世界上，硅铁的主要生产国家是中国、俄罗斯、乌克兰、巴西和挪威，主要消费国是中国、日本和俄罗斯。硅铁主要用于钢铁生产，因此，粗钢的生产直接影响到硅铁的需求。根据国际钢协公布的统计数据显示，2012 年全球粗钢产量为 15.48 亿吨，根据生产 1t 粗钢大约消耗 4kg 硅铁来计算，2012 年全球用于粗钢生产的硅铁大约为 619 万吨。同时，生产 1t 金属镁大约需要 1.1t 硅铁，2012 年全球金属镁产量为 75 万吨，其消耗硅铁大约 83 万吨，因此 2013 年全球硅铁的需求量在 702 万吨以上。

我国是世界上最大的铁合金生产国，硅铁是其中最重要、产量最大的铁合金品种，也是满足国内需要和出口最有优势的铁合金产品。硅铁产品作为钢铁和金属镁等工业的重要原材料，在国民经济建设中发挥着重要作用。

我国硅铁生产可以追溯到 1949 年以前，那时每年的生产量仅有几百吨。1950 年以后，硅铁有了突飞猛进的发展。在计划经济时期，在全国建设了十多家铁合金骨干企业，并引进了大型硅铁电炉，这为中国硅铁的发展奠定了基础。自此至今，中国硅铁生产总规模的扩张经历了 3 个明显的阶段，即 20 世纪 80 年代中后期，90 年代中后期和本世纪初这几年。这几次总规模的扩张有几个明显的特征：一是以乡镇经济、民营经济参与为特征；二是以建设的企业规格小、装备差，工艺落后，总体为低水平重复建设为特征；三是以生产区域明显向着有电力、原材料和区域优势的西部地区发展为特征。

经过 50 多年的发展，目前中国硅铁的布局主要集中在内蒙古、宁夏、甘肃、四川、贵州、山西、青海等几个西部省份（自治区），生产厂家由 10 多家发展到现在的千余家，总规模由几百吨发展到 2003 年年底的 400 多万吨。2004 年百万吨的在建项目陆续竣工，年底，总规模达到 500 万吨以上。

中国硅铁生产规模的 3 个扩张时期，由于以资金量小的民营经济、乡镇经济参与为主要特征，缺乏行业指导，所以处于无序扩张状态，造就了中国硅铁生产的几个明显特点：

（1）分布广：中国硅铁生产企业遍布全国各地，除上海、海南省外，最少的省份也有 2 ~ 3 家。近几年，由于各种原因，东部及沿海地区硅铁生产企业及生产数量逐步萎缩，有着电力优势、资源优势的西部地区硅铁生产发展极快。

（2）企业规模小：从总规模看，中国不失为硅铁生产大国，达 400 多万吨，但生产企业数量多，就其单个企业来说，其生产规模小，产业分散度大，集中度小。目前最大的硅铁生产企业腾达西北铁合金有限责任公司，其生产规模也仅有12 万 t，和国外的铁合金企业比较，只能算一个中型企业。

（3）装备差，工艺落后。由于中国硅铁生产规模的扩张主体主要是乡镇经济和民营经济，它们受观念、资金等各种因素的影响，投资建设的硅铁大多属于低水平重复建设，过去为数不多的几家大的硅铁生产企业也由于硅铁市场几起几落，恶性竞争等影响，造成深度亏损，一直处在艰难的生存危机之中，无力开展技术改造。因此，造成中国硅铁生产装备差，工艺技术落后，劳动生产率低的局面。主要表现在：一是机械化、自动化程度低。从配料到产品加工，大多数为人工操作，劳动强度大，劳动条件差；二是电炉容量小。据不完全统计，1800 ~ 3600kV · A 硅铁矿热电炉的生产规模占到总规模的 8% 左右，5000 ~ 10000kV · A 硅铁矿热电炉的生产规模占到总规模的 60% 左右，大型硅铁电炉屈指可数，仅有遵义 50000kV · A 硅铁电炉和腾达西北铁合金有限责任公司两台 25000kV · A 硅铁电炉。

（4）环境保护差、污染严重：现有的硅铁生产电炉，大部分没有环保除尘设施，污染严重。据不完全统计，5000kV · A 以下的硅铁电炉基本没有环保除尘设施；5000 ~ 9000kV · A 之间的硅铁电炉，只有 20% 左右具有环保除尘设施，9000kV · A 以上的大中型硅铁电炉，也仅有 40% 左右具有环保除尘设施。而在现有的环保除尘设施中，技术过关、自动化程度高、效果好的为数不多。

我国陆续出台了许多宏观调控政策，主要体现在以下几点：一是实施差别电价，对于中国现有的硅铁生产企业，按照淘汰类、限制类、允许和鼓励类实行差别电价，对限制类和淘汰类加收惩罚性电费；二是在 2004 年年底以前淘汰 3200kV · A以下铁合金电炉；2005 年年底以前淘汰 5000kV · A 以下铁合金电炉；三是对环保建设提出更高要求，要求所有硅铁生产企业烟气必须达标排放，否则禁止生产；四是实行行业准入制度，对新上的硅铁生产项目的生产规模，单炉容量，装备水平，技术含量，环保设施等提出了基本要求。这些政策对中国硅铁今后的生产和发展必将产生深刻的影响。

多年来，中国硅铁产能的发挥主要受市场容量、产品价格、电力供应等诸多因素的影响，产能没有得到高效发挥，产能发挥基本在 45% ~ 66% 之间。如 2001 年中国硅铁产能已达 250 万吨左右，实际产量只有 137.49 万吨，产能发挥了 55%，2002 年硅铁产能为 310 万吨以上，实际产量为 149.67 万吨，产能发挥了 48%；2003 年年底硅铁产能达 400 万吨以上，实际产量为 215.82 万吨，产能只发挥了 54%。

1998 ~ 2003 年，中国硅铁产量呈增大趋势，2003 年突然放大；这是由于国际国内市场需求强劲，拉动了硅铁生产增长。但进入 2000 年后，中国硅铁产能发挥率急剧降低，其原因是中国硅铁产能迅速扩张，而电力供应、运输十分紧张，限制了中国硅铁的生产。内蒙古、宁夏两地区产量已超过原来硅铁生产第一大省甘肃省，跃升为硅铁生产第一和第二大区。

2004～2013年，中国硅铁产量翻了一番。据统计，2013年全国有17个省份生产硅铁，总产量有597.43万吨。从国家统计局的数据来看，青海地区全年产量在131.20万吨，占全国的22%；宁夏112.15万吨，占全国的19%；内蒙古90.86万吨，占全国的15%；甘肃56.45万吨，占全国的9.4%，四大主产区的总产量占了全国产量的65%。除了以上地区河南、湖南、山西、陕西等地的硅铁产量也不容小觑。

10.3 硅铁的牌号及用途

硅铁按硅及其杂质含量，分为21个牌号，其化学成分见表10.1。

硅和氧之间的化学亲和力很大，因而硅铁在炼钢工业中用作脱氧剂（沉淀脱氧和扩散脱氧）。除沸腾钢和半镇静钢外，钢中硅的含量应不小于0.10%。硅在钢中不形成碳化物，而是呈固溶体存在于铁素体和奥氏体中。硅提高钢中固溶体的强度和冷加工变形硬化率的作用极强，但降低钢的韧性和塑性；对钢淬透性的影响中等，但可提高钢的回火稳定性和抗氧化性，故硅铁在炼钢工业中用作合金剂。硅还具有比电阻较大、导热性较差和导磁性较强等特性。钢中含有一定量的硅，能提高钢的磁导率，降低磁滞损耗，减少涡流损失。电工用钢含2%～3% Si，但要求钛、硼含量低。铸铁中添加硅可阻止碳化物的形成，促进石墨的析出和球化，硅镁铁是普遍使用的球化剂。含钡、锆、锶、铋、锰、稀土等的硅铁，在铸铁生产中用作孕育剂。高硅硅铁是铁合金工业中生产低碳铁合金的还原剂。含硅约15%的硅铁粉（粒度<0.2mm），在重介质选矿中用作增重剂。其应用具体如下：

（1）在炼钢工业中用作脱氧剂和合金剂。为了获得化学成分合格的钢和保证钢的质量，在炼钢的最后阶段必须进行脱氧，硅和氧之间的化学亲和力很大，因而硅铁是炼钢较强的脱氧剂用于沉淀和扩散脱氧。在钢中添加一定数量的硅，能显著地提高钢的强度、硬度和弹性，因而在冶炼结构钢（含硅0.40%～1.75%）、工具钢（含硅0.30%～1.8%）、弹簧钢（含硅0.40%～2.8%）和变压器用硅钢（含硅2.81%～4.8%）时，也把硅铁作为合金剂使用。同时改善夹杂物形态减少钢液中气体元素含量，是提高钢质量、降低成本、节约用铁的有效新技术。特别适用于连铸钢水脱氧要求，实践证明，硅铁不仅满足炼钢脱氧要求，还具有脱硫性能且具有比重大，穿透力强等优点。

此外，在炼钢工业中，利用硅铁粉在高温下燃烧能放出大量热的特点，常作为钢锭帽发热剂使用以提高钢锭的质量和回收率。

表 10.1 硅铁牌号

牌号	化学成分(质量分数，不大于)/%												
	Si	Al	Ca	Mn	Cr	P	S	C	Ti	Mg	Cu	V	Ni
FeSi90Al1.5	87.0 ~ 95.0	1.5	1.5	0.4	0.2	0.04	0.02	0.2	—	—	—	—	—
FeSi90Al3.0	87.0 ~ 95.0	3	1.5	0.4	0.2	0.04	0.02	0.2	—	—	—	—	—
FeSi75Al0.5 – A	74.0 ~ 80.0	0.5	1	0.4	0.3	0.035	0.02	0.1	—	—	—	—	—
FeSi75Al0.5 – B	72.0 ~ 80.0	0.5	1	0.5	0.5	0.04	0.02	0.2	—	—	—	—	—
FeSi75Al1.0 – A	74.0 ~ 80.0	1	1	0.4	0.3	0.035	0.02	0.1	—	—	—	—	—
FeSi75Al1.0 – B	72.0 ~ 80.0	1	1	0.5	0.5	0.04	0.02	0.2	—	—	—	—	—
FeSi75Al1.5 – A	74.0 ~ 80.0	1.5	1	0.4	0.3	0.035	0.02	0.1	—	—	—	—	—
FeSi75Al1.5 – B	72.0 ~ 80.0	1.5	1	0.5	0.5	0.04	0.02	0.2	—	—	—	—	—
FeSi75Al2.0 – A	74.0 ~ 80.0	2	1	0.4	0.3	0.035	0.02	0.1	—	—	—	—	—
FeSi75Al2.0 – B	72.0 ~ 80.0	2	—	0.5	0.5	0.04	0.02	0.2	—	—	—	—	—
FeSi75 – A	74.0 ~ 80.0	—	—	0.4	0.3	0.035	0.02	0.1	—	—	—	—	—
FeSi75 – B	72.0 ~ 80.0	—	—	0.5	0.5	0.04	0.02	0.2	—	—	—	—	—
FeSi65	65.0 ~ 72.0	—	—	0.6	0.5	0.04	0.02	—	—	—	—	—	—
FeSi45	40.0 ~ 47.0	—	—	0.7	0.5	0.04	0.02	—	—	—	—	—	—
TFeSi75 – A	74.0 ~ 80.0	0.03	0.03	0.1	0.1	0.02	0.004	0.02	0.015	—	—	—	—
TFeSi75 – B	74.0 ~ 80.0	0.1	0.05	0.1	0.05	0.03	0.004	0.02	0.04	—	—	—	—
TFeSi75 – C	74.0 ~ 80.0	0.1	0.1	0.1	0.1	0.04	0.005	0.03	0.05	0.1	0.1	0.05	0.4
TFeSi75 – D	74.0 ~ 80.0	0.2	0.05	0.2	0.1	0.04	0.01	0.02	0.04	0.02	0.1	0.01	0.04
TFeSi75 – E	74.0 ~ 80.0	0.5	0.5	0.4	0.1	0.04	0.02	0.05	0.06	—	—	—	—
TFeSi75 – F	74.0 ~ 80.0	0.5	0.5	0.4	0.1	0.03	0.005	0.01	0.02	—	0.1	—	0.1
TFeSi75 – G	74.0 ~ 80.0	1	0.05	0.15	0.1	0.04	0.003	0.015	0.04	—	—	—	—

（2）在铸铁工业中用作孕育剂和球化剂。铸铁是现代工业中一种重要的金属材料，它比钢便宜，容易熔化冶炼，具有优良的铸造性能和比钢好得多的抗震能力。特别是球墨铸铁，其机械性能达到或接近钢的机械性能。在铸铁中加入一定量的硅铁能阻止铁中形成碳化物、促进石墨的析出和球化，因而在球墨铸铁生产中，硅铁是一种重要的孕育剂（帮助析出石墨）和球化剂。

（3）铁合金生产中用作还原剂。不仅硅与氧之间化学亲和力很大，而且高硅硅铁的含碳量很低。因此高硅硅铁（或硅质合金）是铁合金工业中生产低碳铁合金时比较常用的一种还原剂。

（4）75 号硅铁在皮江法炼镁中常用于金属镁的高温冶炼过程中，将 MgO 中的镁置换出来，每生产 1t 金属镁就要消耗 1.2t 左右的硅铁，对金属镁生产起着很大的作用。

（5）在其他方面的用途。磨细或雾化处理过的硅铁粉，在选矿工业中可作为悬浮相。在焊条制造业中可作为焊条的涂料。高硅硅铁在化学工业中可用于制造硅酮等产品。

在这些用途中，炼钢工业、铸造工业和铁合金工业是硅铁的最大用户。它们共消耗约 90% 以上的硅铁。在各种不同牌号的硅铁中，目前应用最广的是 75% 硅铁。在炼钢工业中，每生产 1t 钢大约消耗 3～5kg 75% 硅铁。

10.4 硅铁的消费和市场

我国是全球第一大硅铁生产和消费国。从 1988 年开始我国硅铁产能不断扩大，2003 年硅铁产量突破 200 万吨大关，随后产能迅猛增长，2006 年硅铁产量突破 400 万吨。据 2006 年统计，我国硅铁生产企业 450 多家，生产能力 800 多万吨，分别占全国铁合金企业和产能总数的 25% 和 30% 左右，产能供大于求。但多年来，我国硅铁生产主要受市场容量、产品价格、电力供应等诸多因素的影响，产能的发挥只有 50%～60%。我国硅铁主要供给国内的钢厂、金属镁厂和用于出口。2008 年我国粗钢产量为 5 亿吨，用于粗钢生产的硅铁大约为 200 万吨；2008 年我国金属镁消耗硅铁大约 69 万吨；同时，2008 年我国硅铁出口 127 万吨，因此 2008 年我国硅铁的需求量为 400 万吨左右。

1987 年以前，我国的硅铁生产主要是满足国内需要，而且处于供不应求的状态，出口量很少而且不稳定。自 1988 年起，出口创汇刺激了硅铁的迅猛发展，此后我国硅铁出口稳步增长。2000 年以后，随着我国国民经济的快速发展，钢铁产量大幅度增加，铁合金产量也随之增长，硅铁除满足国内需求外，也大量供应国际市场，出口量大幅度增加，2007 年硅铁出口达到 154.28 万吨，1987～2008 年平均出口量占硅铁产量的 30% 以上，1987～2008 年我国硅铁生产和出口情况见表 10.2。

表 10.2 1987～2008 年我国硅铁生产和出口情况

年 份	铁合金产量/万吨	硅铁产量/万吨	硅铁出口量/万吨	硅铁出口产量/%	硅铁铁合金产量/%
1987	184.60	59.12	19.67	33.27	32.03
1988	208.50	78.76	33.10	42.03	37.77
1989	237.00	86.00	8.29	9.64	36.29
1990	246.00	80.31	24.40	30.38	32.65
1991	246.40	82.12	32.00	38.97	33.33
1992	265.70	83.44	27.86	33.39	31.40
1993	296.40	103.07	33.53	32.53	34.77
1994	336.10	108.01	30.25	28.01	32.14
1995	432.90	120.59	39.20	32.51	27.86
1996	418.80	136.86	25.88	18.91	32.68
1997	403.50	124.57	20.81	16.71	30.87
1998	354.80	127.66	26.08	20.43	35.98
1999	381.40	131.39	33.14	25.22	34.45
2000	402.90	139.00	46.85	33.71	34.50
2001	450.80	147.49	47.00	31.87	32.72
2002	489.30	149.67	53.90	36.01	30.59
2003	637.48	215.82	80.90	37.48	33.86
2004	865.54	293.55	90.87	30.96	33.92
2005	1094.66	331.76	94.10	28.36	30.31
2006	1433.20	404.62	133.11	32.90	28.23
2007	1746.70	450.00	154.28	34.28	25.76
2008	1824.99	494.56	127.71	25.82	27.10

我国硅铁产量约占世界消费量的40%～50%，在国际市场上我国硅铁产品的数量和价格对市场行情起着举足轻重的作用。

我国硅铁主要出口日本、美国、韩国、荷兰、中国台湾以及东南亚等国家和地区。2008 年我国硅铁出口量为 127.71 万吨，比 2007 年出口的 154.28 万吨下降了 17.22%。我硅铁最大的出口国是日本，大约占到出口量的 38%，其次是韩国，大约占到出口量的 16%，美国、中国台北和荷兰分列第 3、4、5 位。

2008年1月1日起我国对硅铁等铁合金又加征10%出口关税，使得硅铁出口关税达到25%，这样就进一步增加了出口成本，削弱了我国硅铁的出口竞争力。从图10.5可见，从2008年起，我国硅铁出口首次出现负增长，抑制了国际市场的需求。

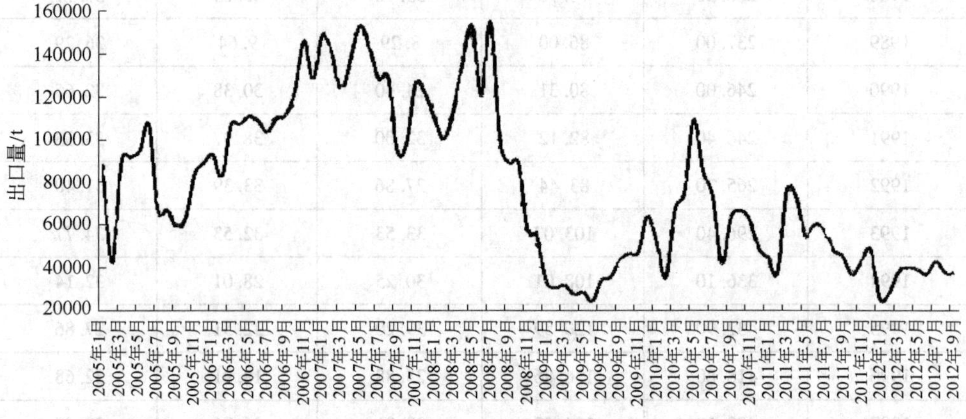

图10.5　2005～2012年9月我国硅铁出口量走势

11 冶炼原理及工艺

11.1 铁生产的原料

11.1.1 硅石

冶炼硅铁的主要原料是硅石、焦炭和钢屑。

含硅原料及其要求，一般只采用 SiO_2 含量很高的石英和石英岩，通称为硅石，用于冶炼硅铁的硅石必须符合下列各项要求：

（1）硅石中 SiO_2 含量要求大于 97%。二氧化硅是一种相当稳定的氧化物，还原时需要相当高的反应温度。如果硅石中 SiO_2 含量较低，在同其他氧化物（如 Al_2O_3、CaO）结合成稳定化合物时，将需要更高的反应温度，这会增加电能和还原剂的消耗，降低元素回收率。除 SiO_2 以外，硅石中还含有少量的 Al_2O_3、CaO 等化合物，它们全都是成渣物质，炉内渣量越多，炉况就越差。例如使用含 SiO_2 95% 的硅石时，生产率低，电能消耗比使用含 SiO_2 98% 的硅石高 11%。因此，要求用于冶炼硅铁的硅石时，SiO_2 含量必须大于 97%。我国硅石蕴藏量丰富、质量好。

（2）硅石中有害杂质含量要低。硅石中主要的杂质有 Al_2O_3、MgO、CaO、P_2O_5 和 Fe_2O_3。除 Fe_2O_3 外，其余氧化物均是有害杂质。对硅石中 Fe_2O_3 的含量，除冶炼工业硅外，对 Fe_2O_3 没有什么限制。

硫和磷是降低钢质量的有害元素，磷还是加剧硅铁粉化倾向的一个有害成分。一般硅石含硫很低，而且硫很容易形成挥发性强的 SiS 和 SiS_2 挥发跑掉，因而硅石硫含量都不予以要求，而对硅石中磷含量要求要低。硅石中磷在冶炼过程中约有 80% 被还原进入合金，为此，必须严格控制硅石中的磷含量，要求硅石中 P_2O_5 的含量必须小于 0.03%。

在硅铁冶炼过程中，Al_2O_3、MgO、CaO 都是成渣氧化物，且铝、钙的还原还会污染合金。在这几种氧化物中，以 Al_2O_3 的影响为最大。一般来说，除了硅石本身含有 Al_2O_3 外，硅石表面黏附有泥土也是使硅石 Al_2O_3 含量升高的一个重要原因，因而用于配料的硅石最好经过水浇。为保证产品质量和使炉况顺行，硅石中 Al_2O_3 含量必须小于 1%，MgO 和 CaO 含量之和也应该小于 1%。

（3）硅石要有良好的抗爆性。硅石在升温过程中，因晶型转变及失水，可能出现碎裂。使用在炉内碎裂严重的硅石冶炼硅铁，将严重恶化料面的透气性，因此，对硅石和石英岩来说，除对其他化学成分有严格要求外，矿石的高温强度即抗爆性也是矿石的一个质量指标。

在小型电炉中，由于炉口温度较低，矿石的爆裂问题并不那么突出，因而小型电炉选用硅石时，硅石的化学成分仍起决定作用。但在大型电炉中，虽然化学成分合格，但高温强度差的硅石是不能用于冶炼硅铁的。各种硅石的高温强度主要取决于硅石的成因及结构，在实际生产中，硅石的高温强度可粗略地根据硅石在料面爆裂的情况和硅石的吸水性估计（吸水率小于5%）。含碳大于0.5%的硅石也不适用于冶炼硅铁，因为加热时体积膨胀，致使炉料透气性恶化。因此应选择含碳低的硅石。

（4）硅石入炉时要有一定的粒度。用于配料的硅石其入炉粒度对冶炼影响很大，粒度过小的硅石，不仅含有较多的杂质，而且会严重影响料面的透气性。粒度过大的硅石，易造成炉料分层，延缓炉料的熔化和还原反应速率，因此要求硅石入炉时要有一定的粒度。

通常，大电炉合适的硅石入炉粒度范围为40～120mm，小电炉则为25～80mm。必须指出，合适的硅石粒度应根据电炉容量、工作电压、硅石和所用还原剂的性质以及操作水平，通过生产实践来确定。

11.1.2 还原剂

还原剂的主要性能有比电阻，化学活性和石墨化性能。还原剂的比电阻、石墨化性能和化学活性虽然是三种不同的性质，但三者之间的关系十分密切，它们互为制约、互相影响。一般来说，石墨化的程度越高，则电阻越小，化学活性越差；反之，石墨化的程度越差，则电阻越大，化学活性越好。因此，三个性质排在一起讨论。

11.1.2.1 石墨化性能

炭有三种同素异形体，其中石墨最稳定，其他形态容易变成石墨。这三者中与我们有关的是无定形碳和石墨。石墨的导电性很好；无定形碳的导电性较差。在石墨中，碳原子处于正六角形的角上，所有的碳原子层相互平行，排列有序，电子容易在其中通过，故电阻小；而无定形碳的排列是无秩序的，电子难以在其中通过，故电阻大。焦炭的性质介于无定形碳和石墨之间。

炭素材料在高温成焦过程和冶炼过程中性质发生变化，即产生不同程度的石墨化。例如：煤在蒸馏过程中，随着温度的升高和在高温下停留时间的延长，碳原子层间距减小，碳原子层排列的有序性增加，晶体逐渐长大。石墨化开始的温度为1600℃，于2500℃时结束，也就是说石墨化开始的温度范围也正是铁合金在电炉中生产时进行还原反应的温度，因此，石墨化性能在很大程度上决定炭素还原剂在具体还原过程温度下的化学活性，所以它是炭素还原剂的一个重要的质量指标。石墨化性能越好，则炭素材料的化学活性越差，比表面和电阻越小，使很多合金，特别是硅质合金在电炉里进行的还原反应条件恶化。

炭素材料的石墨化性能可按比电阻值、灰分含量、密度等指标来评定。随着密度的减少、气孔率的增大、灰分的增高，石墨化性能相应下降。综合分析以上各指标，炭素还原剂实际上又可分为非石墨化类（褐煤焦、木炭）、弱石墨化类（煤气焦、高灰分焦）、石墨化类（冶金焦）及强石墨化类（无烟煤、石油焦）。

11.1.2.2 比电阻

炭素还原剂的比电阻在电炉冶炼铁合金中具有重要意义，它关系着炉缸的总电阻及电炉功率在炉缸的分布情况。

在高温熔炼条件下，各种炭素还原剂的比电阻下降，然而仍有很大差异。大多数还原剂的比电阻，在比较低的温度下，与其挥发分含量有关；而在高温下，则与其灰分含量有关，如高灰分与低灰分的半焦经1700℃煅烧后，前者的比电阻为0.711，后者为0.0415。

在熔炼硅质合金的过程中，由于气态SiO作用，在还原剂的表面上形成了碳化硅层。其密度和厚度与原炭素还原剂的性质有关。反应活性愈大的还原剂，所生成的碳化硅层愈厚，而且愈疏松，在此情况下，使还原剂的接触电阻增高。当用半焦时，由于高温下表面的硅化作用，其比电阻很高。这是因为使用半焦冶炼时，碳化硅的生成速度比用冶金焦时快，而碳化硅的电阻比碳要高。因此，炭素还原剂的比电阻在很大程度上取决于它们之间的接触电阻。在工业条件下，熔炼硅质铁合金时，炭素还原剂的表面受到硅化作用（生成碳化硅）后可显著提高炭素还原剂，特别是半焦的接触比电阻。

影响比电阻的因素有：

（1）炭素材料的性质。炭素材料的性质不同，结晶转化温度也不同。无烟煤、石油焦和焦炭容易石墨化，其石墨化过程在2000℃结束。木炭在2500℃时亦不能充分达到石墨的性质。

（2）成焦温度。炼焦温度对石墨化程度的影响很大，炼焦温度愈高，石墨化的程度也愈高。石墨晶体也愈大，比电阻愈小。

（3）炼焦时间。炼焦时间愈长，石墨化的程度也愈高，比电阻也愈小。

（4）灰分和挥发物。灰分和挥发物对比电阻也有一定的影响。一般情况下，灰分和挥发物高者，其比电阻也大。但灰分和挥发物愈高，则固定碳愈低，因而要全面考虑。对于还原剂挥发分的组成来讲，认为在电炉冶炼条件下能产生高温“热解碳”的成分（焦油、苯、甲烷及其他碳氢化合物）愈少愈好。在熔炼硅系铁合金时，由于使用某些高挥发分的炭素还原剂，而造成工艺上的某些困难（透气性差，易烧结，炉况不好，技术经济指标低），其原因便是由于高温热解碳使炭素还原剂的表面纯化，同时又由于还原剂的小气孔被热解碳封闭，因而减少了反应气体进入块状还原剂与其内表面相互作用的机会。此外，在还原剂的表面上沿着热解碳生成一层耐化学作用的坚实薄膜，逸出的重质氢化合物易使炉口表面的炉料烧结，降低其透气性，同时对气体净化系统（特别是封闭炉）的设备也产生不良影响。

(5) 密度。经过试验研究表明，炭素材料的导电率与其密度成直线关系。比电阻与反应性能的关系十分密切，对于炭素还原剂在1700℃下与二氧化硅的相互反应情况进行研究，结果是，使用褐煤焦和半焦时，碳化硅的生成速度最快；使用石墨和无烟煤时，SiC 的生成速度最慢；冶金焦居中。继续增高温度，除生成 SiC 外，尚有 SiC 被余下的 SiO_2 破坏的反应进行。其破坏速度与 SiC 的生成速度之间存在着“平行”关系，即 SiC 生成速度大的那些还原剂，SiC 的破坏速度也大。

碳质还原剂及其要求：铁合金生产中，用得最多最广、价格最便宜的还原剂是碳质还原剂。例如，冶炼硅铁、工业硅、硅钙、高碳锰铁等许多铁合金时，都使用碳质还原剂。碳质还原剂的物理化学性质及粒度大小、对铁合金尤其是硅质合金的质量和熔炼指标影响很大。

生产铁合金用的碳质还原剂主要有冶金焦、石油焦、沥青焦、烟煤和木炭（或木块）。其中冶金焦用的最多，后四种主要用于生产工业硅，烟煤和木炭常与冶金焦搭配用于生产硅钙合金。此外，也研究或试用过气煤焦、半焦、硅石焦和褐煤焦等碳质还原剂。一般将干馏温度大于900℃所得到的焦炭称为高温焦，干馏温度低于700℃所得到的焦炭称为低温焦或半焦。高温与低温焦相比，低温焦化学活泼性好，比电阻较大。木炭是木材在350~450℃干馏时，木质完全分解的产物，所以在生产中最好使用低温和干馏时间较短的焦炭。

为了减少工业硅中 Ca、Al、Fe 含量，必须采用低灰分的石油焦或沥青焦作还原剂，但是由于这种焦炭电阻率小，反应能力差，须配用灰分低、电阻率高和反应能力强的木炭代替部分石油焦。此外，为使炉料烧结，还应配入部分低灰分烟煤。碳质还原剂含水量要低且稳定。

11.1.3 含铁物料

含铁原料及其要求：生产硅铁时，含铁料是硅铁成分的调节剂。在电炉冶炼硅铁时，一般均采用钢屑作为含铁料使用。此外，为充分利用废料，也有利用铁鳞和钢锭火焰精整时产生的铁粒作为铁料使用的。

钢屑在二氧化硅还原过程中，有促进二氧化硅还原的作用。为充分发挥钢屑的作用，希望钢屑能较快地熔化，以便吸收硅或有效地破坏 SiC，为此，要求钢屑不要太长，以防混料不均匀和堵塞下料管。同时考虑到便于自动化配料，一般钢屑的长度不应超过100mm，最好利用切碎的车屑。

为保证硅铁的化学成分和内在质量，不允许使用合金钢钢屑、有色金属屑和生铁屑，只能用碳素钢钢屑。钢屑不应夹带外来杂质，生锈严重和沾有油污的钢屑不能入炉，钢屑的含铁量应大于95%。

11.2 硅铁冶炼的基本原理

11.2.1 硅铁冶炼的物化反应

生产上为了把氧从二氧化硅中除去，采用在矿热炉内高温条件下，以焦炭中的碳夺取 SiO_2 中的氧、生成气态的 CO 通过料层从炉口逸出而把硅还原出来。二氧化硅是一种很难还原的氧化物，用碳还原二氧化硅的基本反应式可以写成：

$$SiO_2 + 2C \xlongequal{\quad} Si + 2CO\uparrow \quad \Delta G^{\ominus} = 711698 - 367.60T \qquad (11-1)$$

式（11－1）是吸热反应，提高炉温可加速反应的进行，反应的理论开始还原温度为1663℃，可见理论开始还原温度是较偏低的，即当温度达到1663℃反应才开始进行。因此单独用碳还原 SiO_2 是比较困难的。

Fe 有促进 SiO_2 还原的作用。在有铁存在的条件下，上式还原出来的硅与铁按下式反应生成硅化铁：

$$Fe + Si \xlongequal{\quad} FeSi \qquad \Delta G^{\ominus} = -80332 - 4.18T \qquad (11-2)$$

生成硅化铁的反应是放热反应，因而它能降低二氧化硅还原反应的理论开始反应温度，并能改善二氧化硅的还原条件。按化学平衡条件，减少式（11－1）中生成的 Si 的数量，可促进 SiO_2 还原反应向生成物方向进行。所以铁有促进 SiO_2 被还原的作用。

冶炼的硅铁含硅越低，二氧化硅被还原的理论开始温度也就越低。冶炼含硅大于33.4%的硅铁时，实际冶炼产物可看成由 FeSi＋Si 组成，因而，冶炼硅铁时的总反应式可以写成：

$$(n+1)SiO_2 + 2(n+1)C + 2Fe \xlongequal{\quad} FeSi + nSi + 2(n+1)CO\uparrow \qquad (11-3)$$

冶炼75%硅铁时，总反应式为：

$$6SiO_2 + 12C + Fe \xlongequal{\quad} FeSi + 5Si + 12CO\uparrow$$

$$\Delta G^{\ominus} = 4189857 - 2208.81T \qquad (11-4)$$

反应理论开始还原温度降为1623℃，可见在有铁存在的条件下，可降低 SiO_2 的理论还原温度。

冶炼45%硅铁时，总反应式为：

$$1.636SiO_2 + 3.272C + Fe \xlongequal{\quad} FeSi + 0.636Si + 3.272CO\uparrow$$

$$\Delta G^{\ominus} = 1084241 - 605.347T \qquad (11-5)$$

反应理论开始还原温度降为1518℃，显然冶炼45%硅铁理论开始还原温度比75%硅铁低。

SiO能促进SiO_2还原反应加速进行。由上所述，硅铁冶炼的基本反应：$SiO_2 + 2C = Si + 2CO\uparrow$这只是二氧化硅被碳还原的总反应，实际炉内的反应比这复杂得多。实验证明，氧化物的还原是由高价氧化物逐步还原成低价氧化物。一般认为碳还原SiO_2时，先生成中间产物一氧化硅，而后再被还原成硅。

在1700～1800℃冶炼硅铁时，二氧化硅先按下式被还原成SiO：

$$SiO_2 + C = SiO + CO\uparrow \quad \Delta G^\ominus = 465260 - 330.36T \tag{11-6}$$

然后大部分的SiO气体在上升过程中广泛地和碳接触并作用，按下式还原成Si：

$$SiO + C = Si + CO\uparrow \quad \Delta G^\ominus = 37237 - 37.07T \tag{11-7}$$

而生成的大部分硅与铁形成FeSi：$Fe + Si = FeSi$。FeSi沉积于熔池中，而少部分硅将与SiO_2作用生成SiO，其反应式为：

$$SiO_2 + Si = 2SiO \tag{11-8}$$

生成的SiO再和C反应生成Si：

$$SiO + C = Si + CO\uparrow \tag{11-7}$$

从上述反应式中，可以看到中间产物SiO对促进冶炼反应的进行是个重要环节。在1700℃以上温度时，大部分SiO挥发到焦炭气孔中，广泛地和碳接触并作用，按式（11－7）反应还原地成的硅，大部分与铁形成硅铁，少部分在高温区与SiO_2作用，按式（11－8）反应生成SiO。然后SiO又和碳进行反应生成Si，结果反应连续不断地进行。由此可知SiO不只是反应的中间产物，它还可以促进反应加速进行。

SiC能促进SiO_2还原反应加速进行。在较低温度下，焦炭加入量较多时，二氧化硅按下式反应生成中间产物SiC：

$$SiO_2 + 3C = SiC + 2CO \quad \Delta G^\ominus = 658143 - 360.407T \tag{11-9}$$

生成的SiC在有铁存在时，可以在较低温度下被Fe破坏，生成硅化铁：

$$SiC + Fe = FeSi + C \quad \Delta G^\ominus = -26777 - 11.21T \tag{11-10}$$

在高温下，SiC则与SiO_2和SiO按下列反应而被破坏，生成Si：

$$2SiC + SiO_2 = 3Si + 2CO \quad \Delta G^\ominus = 920061 - 441.49T \tag{11-11}$$

$$SiC + SiO = 2Si + CO \quad \Delta G^\ominus = 141419 - 74.09T \tag{11-12}$$

生成的Si又与Fe形成FeSi；

反应连续不断地进行下去，因此，SiC促进还原反应的加速进行。综上所述，冶炼硅和硅铁时，二氧化硅还原反应的机理描述如下：硅石中的SiO_2用碳还原生成硅铁，走两条路线，一条是先生成中间产物SiO，然后再被C还原生成Si，Si和铁形成FeSi；另一条是先生成中间产物SiC，SiC被铁破坏直接生成FeSi，或者是SiC被SiO_2或SiO破坏，生成硅，硅和铁形成FeSi。

图 11.1 示出了冶炼硅铁时，某些反应自由能变化与温度的关系。由图可见，随着温度升高，ΔG 减小，说明 SiO_2 更容易被还原。

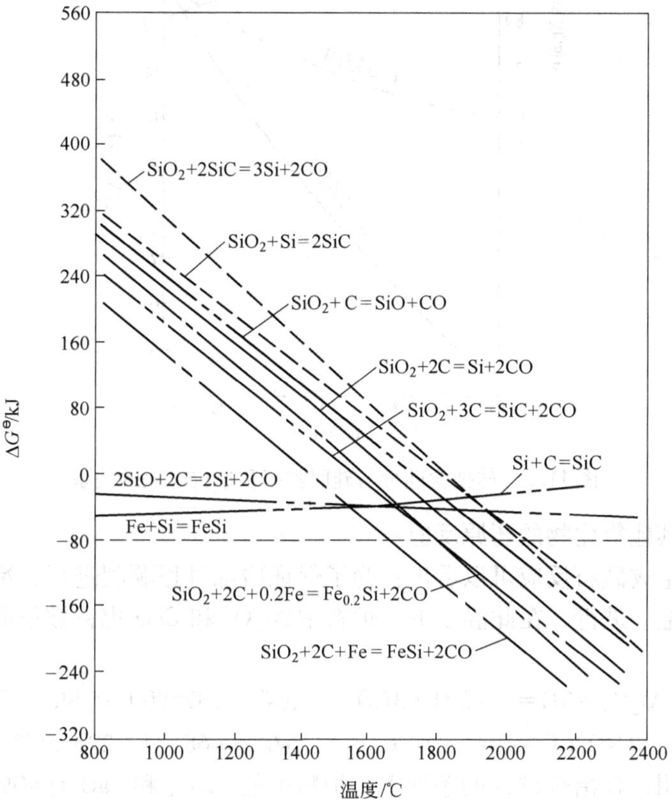

图 11.1 冶炼硅铁主要反应的自由能变化与温度的关系

冶炼硅铁时，保证炉膛有足够高的温度，使炉内 SiC 的生成和破坏保持相对平衡以及减少 SiO 的挥发损失，对提高硅回收率，降低电耗有决定性意义。冶炼过程中，Si 的损失主要是由 SiO 的挥发造成的，炉内产生 SiO 的反应主要是：

$$SiO_2 + C \xlongequal{} SiO + CO\uparrow \qquad (11-6)$$

$$SiO_2 + Si \xlongequal{} 2SiO\uparrow \qquad (11-13)$$

此外，在电弧的电温下，SiO_2 分解会产生 SiO：

$$SiO_2 \xlongequal{} 2SiO + 1/2O_2 \qquad (11-14)$$

SiO 从炉内逸出，遇氧时将燃烧成细散的 SiO_2 微粒，并发出耀眼的白色火焰。毫无疑义，所炼的硅铁含硅越高，硅的挥发损失也就越大。相应地硅回收率降低，单位电耗升高。如图 11.2 所示为硅铁含硅量与硅回收率和单位电耗之间的关系。由图可见，随着含硅量增加，硅回收率逐渐降低，电耗显著增加。

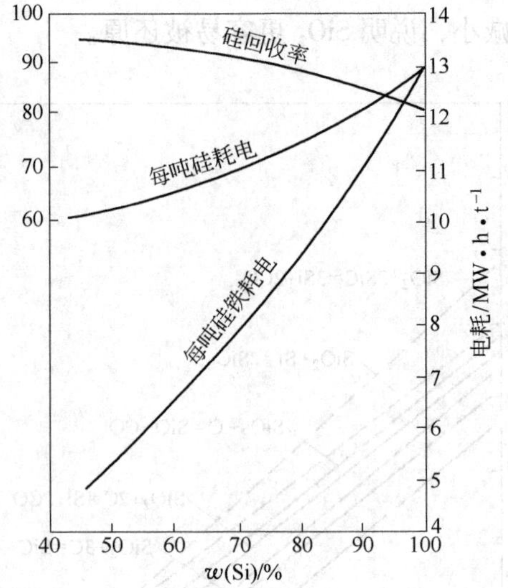

图 11.2　硅铁含硅量与硅回收率和单位电耗的关系

硅石中其他氧化物的还原反应：

从上述生成硅石反应可以看出：为了保证冶炼过程顺利进行，冶炼硅铁需在1800℃的高温下进行，在此温度下，炉料中 Al_2O_3 和 CaO 也将被还原，其还原反应如下：

$$Al_2O_3 + 3C = 2Al + 3CO \qquad \Delta G^{\ominus} = 1325909 - 574.83T \qquad (11-15)$$

$$CaO + C = Ca + CO \qquad \Delta G^{\ominus} = 668184 - 275.55T \qquad (11-16)$$

实践证明，在冶炼硅铁的条件下，炉料中的 Al_2O_3 和 CaO 有40% ~50% 被还原而进入合金中，成为合全中的杂质。它们是有害的，例如电工硅钢中的 Al 能降低电磁性能，增加铁损。因此要求加入钢中的硅铁含铝量应低于1.5%。为了减少硅铁的铝含量，可采用以下办法：(1) 要求硅石和焦炭中 Al_2O_3 含量要低；(2) 硅石经过水洗，洗去黏附含 Al_2O_3 的泥沙；(3) 利用较低温度冶炼（小于1900℃），减少 Al_2O_3 被还原的数量。

炉料中的铁、磷等氧化物，在较低的温度下便可按下列反应充分地被还原出来：

$$Fe_2O_3 + 3C = 2Fe + 3CO \qquad \Delta G^{\ominus} = 446432 - 494.04T$$

$$2FeO + 2C = 2Fe + 2CO \qquad \Delta G^{\ominus} = 287859 - 295.72T \qquad (11-17)$$

$$2/5P_2O_5 + 2C = 2/5P_2 + 2CO \qquad \Delta G^{\ominus} = 356058 - 340.24T \qquad (11-18)$$

由硅石中的 Fe_2O_3、FeO 还原出来的铁能促进 SiO_2 的还原反应。因此对硅石中的 Fe_2O_3 等没有限制，而在硅石中的 P_2O_5 被还原时80% 进入合金中，成为硅石中的有害杂质，因此要求硅石中 P_2O_5 越低越好，要低于0.03%。

11.2.2 硅铁冶炼操作技术参数

硅铁冶炼具体操作要点如下：

（1）配加料。炉料必须按规定配比难确称量，误差要小，如果称量不准，炉况不宜掌握，甚至可能出现废品。炉料应按焦炭、硅石、铁屑的次序进行配料，焦炭的堆密度为0.5～0.6g/cm³，硅石的堆密度为1.5～1.6g/cm³，钢屑的堆密度为1.8～2.2g/cm³，原料的密度相差很大。采用这样的配料次序，炉料由料管下降后，能较均匀地混合。

炉料大多采用称量车称量，一般取200kg或者300kg硅石为一批料。每次只允许称量一批料。配好的炉料倒入料斗，经皮带斜桥送入炉顶料仓。

出铁后应迅速平整料面，攒热料，边捣炉边攒热料，将过碎炉料拨开布于三角区及电极周围，不准碰撞电极，然后覆盖新料。根据炉料要求情况，新料可以接在料仓下面的加料管直接加入炉内或借加料机加入炉内。小型电炉起常把炉料堆放在操作平台上，用人工加入炉内，但是，不管用哪种加料方法，均应保证炉料充分混合。

加料要均匀，硅石是靠焦炭还原的，加料不均匀，会在炉内出现还原剂过多或者过少的区域，这不仅会影响还原的顺利进行，而且会破坏炉内的电流分布，影响电极深插，造成炉内温度梯度不平缓，“坩埚”缩小，特别是出铁口料面加料不均匀时，后果更为严重。

为了保证各种炉料在炉内分布均匀，加料时要做到少加勤加，要防止硅石过多或过少的所谓“偏加料”，也要避免沿电极切线方向加料。

（2）炉前供电。硅铁一般是在矿热炉内采用连续作业法进行生产的。由变压器输入的电流，通过电极进入装满炉料的炉膛，在整个冶炼过程中，电极总是深而稳地插在炉料之中，不外露电弧，冶炼过程依靠电流通过电极及炉料所产生的电弧热和电阻热得以继续进行。

操作应严格按电炉供电制度送电。送电前先将电极适当提起后方准送电。三相电流表应保持平衡，最大波动不准超过25%。

（3）炉料分布。在硅铁冶炼过程中，炉内会产生大量灼热的炉气，为了充分利用灼热炉气的能量，保持炉料有良好的透气性，加速炉内化学反应的进行，提高炉温，扩大“坩埚”，料面应呈现宽而平的锥体形状分布。

控制合适的料面高度，特别是控制大料面的高度和保持宽而平的锥体，是实际操作中必须经常注意的问题。料面过高，不仅炉料中硅石容易滚到锥体底部，周围炉料透气性不良，而且电极插入深度减少，高温区上移，热损失剧增，炉底温度降低，“坩埚”缩小，排渣困难，炉况恶化。料面过低，炉心料面呈平凹形状时，一方面炉心处高度集中的热量得不到充分利用，大量的热散失出去造成浪费；另一方面炉面受高温作用会出现红料现象，从而使炉料电阻大大降低，电极插入深度显著减小，“坩埚”缩小，炉况恶化，操作条件恶劣。由上述可知，料面过高或过低对冶炼操作都是不利的，因此要控制适当的料面高度，一般料面高度应接近炉口上缘，锥体高度为200～300mm。

(4) 炉料透气性。炉料透气性是影响炉内“坩埚”大小的一个非常重要因素。炉内透气性良好时，不仅能充分利用高温炉气的热能预热炉料和减少硅的挥发损失，而且有利于缩小炉内温度梯度，改善电流分布状况，保证电极深插稳插，从而扩大“坩埚”。但是实际上，在硅铁冶炼过程中自始至终保持炉料有良好透气性是困难的。例如远离电极处的炉料由于承受的热量少，因而炉料在那里很容易烧结成硬块料。此外，当炉内出现还原剂不足或局部地区出现还原剂不足时，也会在料层中形成黏料和硬料块。炉内出现黏料和硬料块时，炉料的透气性急剧下降，此时反应产生的大量高温炉气，必然以很大压力从电极周围喷出，形成所谓“刺火”。

“刺火”不仅造成严重的硅挥发损失，而且造成大量热损失。由于“刺火”，炉口温度将急剧上升，而远离电极处的炉料温度则更加降低，更易烧结成硬块，由此下去，必然使炉内温度梯度扩大，电极上抬，“坩埚”逐渐缩小。

这时就应该在透气性较差的地区，以及“刺火”严重的地区进行扎眼。并根据炉况在大料面和锥体下部发黑地区或“刺火”地区进行捣炉。扎眼和捣炉是在硅铁生产中一个十分繁重的操作环节。扎眼要勤，要根据炉况随时进行。小捣炉可根据炉况随时进行，大捣炉一般在出铁后进行，捣炉捣出的硬块料，应推向炉心。捣炉要快，要透，要有一定深度（以不破坏坩埚为原则），捣炉机圆钢不能碰电极，在捣炉过程中，为减少热损失应边捣边加新料或附加一部分焦炭。

通过扎眼、捣炉，加之正确的加料，就能大大改善炉料的透气件，使炉内“坩埚”迅速扩大。目前，无论大中小电炉，几乎都已用扎眼机和捣炉机代替人工操作。

(5) 电极插入深度。电极插入深度和炉内“坩埚”大小具有相辅相成的关系。电极在炉料中插得深而稳，则炉内温度高，“坩埚”大，技术经济指标好。电极在炉料中插入浅，“刺火”塌料频繁，炉口温度高，则热损失大，炉内温度低，“坩埚”小，技术经济指标就差。实践也证明了这一点，例如，在12500kV·A三相硅铁炉中，当电极插入深度的平均值与要求深度相差150mm时，电炉的有功功率和生产指标都将下降10%左右。

在实际操作中，为了保证炉内衬较大的“坩埚”，必须千方百计地下插电极，使电极在炉料中有适宜的插入深度。一般大容量电炉的电极插入深度为1000～1400mm，小容量电炉的电极插入深度为800～1000mm。

(6) 出铁及合金浇铸。

1）出铁次数。随着冶炼过程的不断进行，炉内积存的铁水越来越多，大量导电性强的铁水在炉内积存，将使电极上抬，造成操作困难。因此，每隔一定时间，就应该打开出铁口出铁，将积存在炉内的大量铁水及时排出，保证冶炼过程的正常进行。出铁间隔时间短，出铁次数多，有利于电极下插。但是，出铁次数多，热损失大，浇铸损失也大。因而，应该根据炉子容量、冶炼牌号来确定适当的出铁次数。一般来说，硅铁含硅量低，出铁次数就多。例如，10000～30000kV·A电炉冶炼75%硅铁时，8h出4～5炉。1800～9000kV·A电炉冶炼75%硅铁时，8h出3～4炉。

2）出铁前准备工作。出铁前应准备好开堵炉眼用的一切工具，检查铁水包是否符合要求。准备好堵眼泥球，堵眼材料主要由焦炭粉（电极糊）、水和少量石墨粉调和成能结合在一起的锥形泥球，泥球大小适宜。

3）捣开出铁口。高温铁水的冲刷和空气的氧化烧蚀，使出铁口很易损坏，实践证明，出铁口使用寿命往往决定炉体的使用寿命，为了延长炉体的使用寿命，应正确使用和维护出铁口。

出铁时应该先用圆钢清除出铁口附近的残渣残铁，捣掉炉眼四周的泥球，清扫干净出铁槽，然后在炉眼中心线上端用圆钢捣开炉眼。炉眼比较难开时，可用烧穿器烧开，炉眼实在打不开时，用氧气烧开。开新炉眼时，可使用氧气烧开炉眼。用圆钢、烧穿器捣炉眼时，严禁乱捣乱烧，特别严禁在炉眼的中心线下部乱捣乱烧，否则使炉眼产生洼坑，破坏炉眼内小外大的形状，给堵眼造成困难。

4）出铁排渣。在出铁过程中，由于铁水的冲刷，炉眼会自行扩大。因此，炉眼刚捣开时，特别是新炉眼刚捣开时，炉眼不易开得过大，否则流头太大，渣难以带出，而且易冲坏铁水包。若铁水温度太高，流头太大，应减少功率，炉眼开小些。一般在铁水铺满包底或达铁水包1/3时，再用圆钢逐步扩大炉眼。

炉眼打开后，应根据铁水外流和负荷情况，逐步下插电极。出铁口相电极，在出铁前期应尽量保持不动，在后期则可逐步下插。铁水外流时，如流头过大，可用有耙头的圆钢挡一挡；流头过小，则用圆钢捅炉眼。大炉用铁水包。出铁时，为防止表层铁水凝固，要不断加入焦炭粉保温。

在出铁过程中，应力求多排渣，硅铁炉炉渣量可达合金重量的2%～4%。炉况良好时，随铁水外流能自动带出部分炉渣。但是，为了多排渣和防止炉眼被封住，在出铁后期应用圆钢或竹竿拉渣。硅铁炉渣成分为Al_2O_3含量45%～60%，SiO_2含量30%～40%，CaO含量10%～20%，此种渣熔点高（1600～1700℃），黏度高，较难排出。

出铁时间不宜过长，通常为15min左右，出铁结束的标志是炉气由炉眼自由外逸。

5）堵眼。出铁后期要用圆钢把出铁口烧圆，保持出铁口形状为内小外大，并清除掉黏于炉眼的渣子，为堵眼做准备。为了保证堵眼质量，堵眼前应先用堵耙试探一下炉眼的大小，同时观察一下炉眼是否存在洼槽。

堵眼时送泥球要快而准，为了防止跑眼和烧穿出铁口，泥球应堵实，应保持一定的堵眼深度，其深度要达到炉衬内壁。新开炉眼堵好后外口余量约400mm，老炉子前期炉眼堵好后外口余量约300mm。老炉子后期炉眼堵好后外口余量约200mm。

出铁口使用约2~3星期后，就要用电极糊进行封眼，通过封眼，可补充炉衬和出铁口部分在打眼出铁时的损耗。此外，要注意流槽的修补。盛铁水用的铁水包用黏土砖砌筑，并以耐火黏土和焦木混成的泥浆涂抹，以便于清渣。铁水包必须用热渣烘干后使用。

6）合金浇铸。铁水在铁水包里镇静短时间后，扒除铁水上面少量浮渣，加入一根石墨棒挡渣，而后将铁水浇入生铁锭模。槽形铸铁模中，对于小电炉一般是将铁水直接烧入。浇铸前应将锭模打扫清洁，保持干燥。为了避免硅铁与锭模粘连，当炉铁锭取出后，应用水冷却，并在热状态下往锭模上涂石墨粉成石灰乳浆液。在铁水流头冲击处，应平置一成品硅铁。

浇铸时应控制适当的浇铸温度和浇铸速度，浇铸速度以不造成铁水喷溅为原则，合适的浇铸温度一般比硅铁熔点高100~200℃。为使取样有代表性，克服铁水包内成分不均匀现象，浇铸前期、中期和后期都要取样。

（7）硅铁的精炼。

为了出口和满足电工硅钢冶炼的需要，降低75%硅铁中Al、C、Ca、Ti等杂质含量。除了保证降低原料中Al_2O_3、CaO含量较低和合适的冶炼温度外，还要满足以下要求：

1）精炼法脱铝。这种精炼脱铝工艺分为两个阶段：先用固态氧化性合成渣处理75% FeSi熔体，然后再用氧—氮混合气体在该合成渣下吹炼。氧化性合成渣的适宜组成为200kg菱铁矿和50kg萤石，混合气体中氧—氮比例要合适。用这种脱铝法使合金中Al含量降至0.1%以下，同时C含量降到0.06%~0.08%。

2）氯化法脱铝。在四氯化硅气体中以氯化法可以脱除合金中的Al和Ti等。在合适的氯化条件下，硅铁中90%~95%的铝进入气相脱除，Ti的脱除率为40%~50%，Si和Fe的损失量不宜超过1%~2%。这种方法可使硅铁中的Al降至0.02%，Ti降到0.5%以下，Ca和C也分别降至0.01%以下。

11.3 硅铁冶炼的物料平衡和热平衡

11.3.1 炉料平衡计算

11.3.1.1 硅铁生产原料

物料平衡以一定量的某种主要原料或一定量的铁合金为基准来计算。生产中通过对稳定生产的炉子各项参数进行测量，然后按步骤进行各项计算，得出物料平衡。

硅铁生产原料主要有硅石、还原剂、铁屑等，原料组成是进行计算的基础，在进行计算之前首先要对各原料进行成分分析，如果缺乏组成资料，可参考同类矿物组成进行。

A 硅石

硅石的平均化学成分见表 11.1。

表 11.1 硅石的化学成分 (%)

组成	SiO_2	Fe_2O_3	CaO	MgO	Al_2O_3	其他
比例	98.5	0.40	0.35	0.15	0.58	0.02

硅石的 SiO_2 含量一般都大于 98%，除表中所列成分外，还含有少量的 P 等氧化物或硫化物成分。

B 还原剂

还原剂主要为焦炭、电极糊成分见表 11.2。

表 11.2 还原剂成分

组成	固定碳/C	灰分/%	挥发分/%	水分/%	灰分/%					
					Fe_2O_3	CaO	MgO	Al_2O_3	P_2O_5	SiO_2
焦炭	80	10.5	8.9	0.6	14.5	7.7	1.2	30.5	0.3	45.8
电极糊	77	9.8	13	0.2	—	—	—	—	—	—

C 铁屑

硅铁生产中需要配入铁屑，配入铁屑的成分见表 11.3。

表 11.3 铁屑成分

组成	S	P	Fe	Mn	Si	C
比例/%	0.03	0.04	98.2	0.35	0.35	0.23

11.3.1.2 配料计算

A 计算假定条件

(1) 以 100kg 硅石为基础进行物料平衡计算；

(2) 按敞口炉处理，炉口处 CO 全部氧化生成 CO_2；

(3) 钢屑中的硫、磷全部进入铁合金，其他氧化挥发；

(4) 设生产过程中氧化物的分配见表 11.4。

表 11.4 氧化物分配

氧化物	SiO_2	Fe_2O_3	Al_2O_3	CaO	P_2O_5	MgO
被还原/%	98.0	99.0	75.0	40.0	100	0
进入渣中/%	1.0	1.0	25.0	60.0	0	100

（5）设焦炭在炉口的烧损为4%。

B　还原剂用量的计算

还原剂主要消耗在硅石中氧化物的还原，通过计算氧化物的含氧量，可以得出所需还原剂量，硅石中氧析出量计算见表11.5。

表 11.5 硅石中氧化物还原析出氧含量

氧化物	从100kg硅石中还原的数量/kg	还原时析出的氧/kg
SiO_2 还原为Si	$100 \times 98.5\% \times (98\% - 7\%) = 89.63$	$89.63 \times \frac{32}{60} = 47.8$
SiO_2 还原为SiO*	$100 \times 98.5\% \times 7\% = 6.90$	$6.90 \times \frac{16}{60} = 1.84$
Fe_2O_3 还原为Fe	$100 \times 0.40\% \times 99\% = 0.40$	$0.40 \times \frac{48}{160} = 0.12$
Al_2O_3 还原为Al	$100 \times 0.58\% \times 75\% = 0.44$	$0.44 \times \frac{48}{102} = 0.20$
CaO 还原为Ca	$100 \times 0.35\% \times 40\% = 0.14$	$0.14 \times \frac{16}{56} = 0.04$
合计		50

注：其中 SiO_2 约7%被还原为SiO。

每还原100kg硅石，氧化物硅石共析出氧50kg，将这些氧化合成CO共需碳量为：

$$50 \times \frac{12}{16} = 37.5\text{kg} \tag{11-19}$$

还原剂焦炭的灰分占10.5%，还原过程灰分中氧化物析出氧计算见表11.6。

表 11.6 焦炭灰分氧化物还原析出氧含量

氧化物	100kg硅石需还原的量/kg	还原时析出的氧/kg
SiO_2 还原为Si	$10.5 \times 0.458 \times 0.91 = 4.38$	$4.38 \times \frac{32}{60} = 2.33$
SiO_2 还原为SiO	$10.5 \times 0.458 \times 0.07 = 0.34$	$0.34 \times \frac{16}{60} = 0.09$

续表 11.6

氧化物	100kg 硅石需还原的量/kg	还原时析出的氧/kg
Fe_2O_3 还原为 Fe	10.5 ×0.145 ×0.99 = 1.51	$1.51\times\frac{48}{160}=0.45$
Al_2O_3 还原为 Al	10.5 ×0.31 ×0.75 = 2.44	$2.44\times\frac{48}{102}=1.15$
CaO 还原为 Ca	10.5 ×0.077 ×0.4 = 0.32	$0.32\times\frac{16}{56}=0.092$
P_2O_5 还原为 P	10.5 ×0.003 ×1.0 = 0.03	$0.03\times\frac{80}{142}=0.018$
合计		4.13

析出这些氧生成 CO，共需碳 $4.13\times\frac{12}{16}=3.10$kg。100kg 焦炭含固定碳 80.0kg，用以还原焦炭灰分中氧化物 3.10kg，用以还原硅石有效碳为 80.0 − 3.10 = 76.90kg。还原 100kg 硅石需碳量为 37.5kg，折合为焦炭量为：$\frac{37.5}{76.90}\times 100=48.76$kg。因为焦炭在加入炉内时有一定烧损和吹损情况约为 4%，则实际需加入焦炭量为：

$$\frac{48.76}{(100-4)\%}=50.79\text{kg} \tag{11-20}$$

焦炭中都含有一定量的水分，当水分为 10% 时需要湿焦炭含量为：

$$Y=\frac{50.79}{(100-H_2O\%)}=56.44\text{kg} \tag{11-21}$$

C 合金成分计算

每 100kg 硅石，50.79kg 焦炭还原得到各金属的量见表 11.7。

表 11.7 氧化物还原时析出的元素量

元素	硅石/kg	焦炭灰分/kg	合计/kg
Si	89.63 ×28/60 = 41.83	4.38 ×28/60 ×0.5079 = 1.04	42.87
Al	0.44 ×54/102 = 0.23	2.44 ×54/102 ×0.5079 = 0.66	0.89
Fe	0.40 ×112/160 = 0.28	1.51 ×112/160 ×0.5079 = 0.54	0.82
Ca	0.14 ×40/56 = 0.10	0.32 ×40/56 ×0.5079 = 0.12	0.22
P	—	0.03 ×62/142 ×0.5079 = 0.014	0.014

还原得到的金属除加入合金以为部分挥发，假设还原得到金属分配见表 11.8。

表 11.8 还原金属分配比例

项 目	Fe	Si	Al	Ca	P	S	SiO
进入合金量/%	98	98	95	85	50	0	0
挥发/%	2	2	5	15	50	100	100

根据表 11.8 可以计算到还原产生金属分配情况见表 11.9。

表 11.9 还原产生金属分配

元 素	进入合金量/kg	损失量/kg
Si	42.87 ×0.98 =42.01	SiO =6.90 ×44/60 +0.34 ×44/60 ×0.5079 =5.19 Si =42.87 ×0.02 =0.86
Al	0.89 ×0.95 =0.84	0.89 −0.84 =0.05
Fe	0.82 ×0.98 =0.80	0.82 −0.80 =0.02
Ca	0.22 ×0.85 =0.187	0.22 −0.187 =0.033
P	0.014 ×0.50 =0.007	0.014 −0.007 =0.007
S	—	50.79 ×0.01 =0.508
合 计	43.84	6.67

含硅 75 的合金总重约等于 42.01/0.75 =56.01kg。生产过程中白焙电极壳也会带入的一部分铁，每 100kg 硅石为约带入 0.1kg 铁，则须附加入铁量为 56.01 −0.1 −43.84 =12.07kg，折合为钢屑 12.07/0.98 =12.32kg。合全的织成与质量见表 11.10。

表 11.10 合金组成与质量

元 素	硅石焦炭带入量/kg	钢屑带入量/kg	总重量/kg	比例/%
Si	42.01	12.32 ×0.0035 =0.043	42.05	75.08
Al	0.84	—	0.84	1.50
Fe	0.80	12.32 ×0.982 =12.098	12.81	22.87
Ca	0.187	—	0.19	0.34
P	0.007	12.32 ×0.0004 =0.005	0.012	0.021
C*	0.029	12.32 ×0.0023 =0.028	0.057	0.102
Mn	—	12.32 ×0.0035 =0.043	0.043	0.077
S	—	12.32 ×0.0003 =0.004	0.004	0.007
合 计			56.006	100.00

注：合金含碳约为 0.1% 故 56.013 ×0.1% =0.056，钢屑带入碳 0.028kg，故焦炭带入量为 0.056 −0.028 =0.028kg。

D 炉渣成分计算

炉渣成分计算见表11.11。

表11.11 炉渣成分与质量

氧化物	硅石中进入渣量/kg	焦炭灰分中加入渣量/kg	共计	
			kg	%
SiO_2	100×98.5%×1%=0.985	50.79×10.5%×45.8%×1%=0.024	1.009	45.00
Al_2O_3	100×0.58%×25%=0.145	50.79×10.5%×30.5%×25%=0.407	0.552	24.62
FeO	100×0.4%×1%×144/160=0.0036	50.79×10.5%×14.5%×1%×144/160=0.007	0.011	0.49
CaO	100×0.35%×60%=0.21	50.79×10.5%×7.7%×60%=0.246	0.456	20.34
MgO	100×0.15%×100%=0.15	50.79×10.5%×1.2%×100%=0.064	0.214	9.55
合计			2.242	100

渣铁比为2.242/56.006=4.00%。

11.3.2 物料平衡计算

根据炉料平衡计算可以进一步计算得出物料平衡表，以75硅铁为例：

（1）焦炭及电极糊在炉口燃烧所需空气量计算。

每生产1t产品，100kg硅石约消耗电极糊2.5~3kg，可带入炭约2.5kg。假设此部分炭全部在炉口燃烧。则焦炭与及电极在炉口处燃烧时生成CO_2所需空气量计算如下：

总的碳燃烧量：

Gc =2.5+50.79×80% −（还原100kg硅石所需碳量+还原焦炭灰分需碳量+合金增碳量）

$$=2.5+40.63-\left(37.50+\frac{3.10\times50.79}{100}+0.028\right)$$

$$=4.03\text{kg} \quad (11-22)$$

燃烧时需氧量：

$$4.03\times32/12=10.74\text{kg} \quad (11-23)$$

带入的氮气量：

$$\frac{10.74\times77\%}{23\%}=35.96\text{kg} \quad (11-24)$$

共享空气量：

$$35.96+10.74=46.70\text{kg} \quad (11-25)$$

（2）生成的CO_2气体量计算。

空气中的氧将炉口烧损碳氧化为CO_2量：

$$4.03\times\frac{44}{12}=14.78\text{kg} \tag{11-26}$$

硅石中氧化物将碳氧化生成 CO 量：

$$37.50\times\frac{28}{12}=87.5\text{kg} \tag{11-27}$$

焦炭灰分中氧化物将碳氧化生成 CO 量：

$$3.10\times\frac{50.79}{100}\times\frac{28}{12}=3.67\text{kg} \tag{11-28}$$

CO 在炉口被氧化生成 CO_2 质量增加，耗氧量及增氮计算如下：

CO 氧化生成 CO_2 量：

$$(87.5+3.67)\times 44/28=143.27\text{kg} \tag{11-29}$$

耗氧量：

$$(87.5+3.67)\times 16/28=52.10\text{kg} \tag{11-30}$$

增氮量：

$$52.10\times 0.77/0.23=174.41\text{kg} \tag{11-31}$$

则生成的 CO_2 气体量：

$$14.78+143.27=158.05\text{kg} \tag{11-32}$$

同时消耗空气量：

$$52.10+174.41=226.51\text{kg} \tag{11-33}$$

(3) 物料中水分及挥发物量：

$$50.79\times 8.9\%+2.5\times 13\%+56.44\times 10\%=10.49\text{kg} \tag{11-34}$$

(4) 共计排出气体量：

$$35.96+174.41+158.05+10.49=375.91\text{kg} \tag{11-35}$$

共计用去空气量：

$$46.70+226.51=273.21\text{kg} \tag{11-36}$$

(5) 物料平衡情况见表 11.12。

表 11.12 物料平衡

收入			支出		
物料名称	千克	%	产品名称	千克	%
硅石	100	22.50	合金	56.00	12.60
焦炭	56.44	12.70	炉渣	2.242	0.50
钢屑	12.32	2.77	排出气体量	375.91	84.57
电极糊	2.50	0.56	挥发损失	10.49	2.35
空气量	273.21	61.47	误差	0.17	0.03
合 计	444.47	100	合 计	444.47	100

11.3.3 热平衡计算

11.3.3.1 热量收入

A 碳氧化放热 $Q_{氧}$

（1）参加还原部分碳生成 CO 放热。

$$C+\frac{1}{2}O_2 \xlongequal{} CO \quad \Delta H^0_{298}=-110.6\text{kJ/mol}=-9216.18\text{kJ/kg} \tag{11-37}$$

$$Q^1_{氧}=(37.5+3.10\times0.5079)\times9216.18=360117.53\text{kJ} \tag{11-38}$$

$$Q^2_{氧}=4.03\times53422=215290\text{kJ} \tag{11-39}$$

（2）炉口烧损部分碳生成 CO_2 放热。

$$C+O_2 \xlongequal{} CO_2 \quad \Delta H^0_{298}=-393.79\text{kJ/mol}=-32815.61\text{kJ/kg} \tag{11-40}$$

（3）还原生成的 CO 在炉口燃烧生成 CO_2 放热。

$$CO+\frac{1}{2}O_2 \xlongequal{} CO_2 \quad \Delta H^0_{298}=-283.08\text{kJ/mol}=-10110.11\text{kJ/kg} \tag{11-41}$$

$$Q^3_{氧}=(87.5+3.67)\times10110.11=921739\text{kJ} \tag{11-42}$$

$$Q_{氧}=Q^1_{氧}+Q^2_{氧}+Q^3_{氧}=1497146\text{kJ} \tag{11-43}$$

B FeSi 生成放热 Q_{FeSi}

$$Fe+Si \xlongequal{} FeSi \quad \Delta H_1=-80.39\text{kJ/mol}=-1435.54\text{kJ/kg} \tag{11-44}$$

$$Q_{FeSi}=(12.07+0.1)\times1435.54=17341\text{kJ} \tag{11-45}$$

C 炉渣生成热 $Q_{渣}$

结合成 $Al_2O_3 \cdot SiO_2$：

$$\Delta H^0_{298}=-209.14\text{kJ/mol}=-2051\text{kJ/kg}(Al_2O_3) \tag{11-46}$$

结合成 $CaO \cdot SiO_2$：

$$\Delta H^0_{298}=-91.07\text{kJ/mol}=-1626\text{kJ/kg}(CaO) \tag{11-47}$$

$$Q_{渣}=0.552\times2051+0.456\times1626=1874\text{kJ} \tag{11-48}$$

D 炉料带入热 $Q_{料}$

因炉料和环境温度相同，故 $Q_{料}=0$

E 电能带入热 $Q_{电}$

取产品单位电耗取 8500kW · h/t 来计算，带入热量：

$$8500\times860\times4.187=3.06\times10^7\text{kJ} \tag{11-49}$$

56.006kg 合金需电能供热：

$$(3.06\times10^7/1000)\times56.006=1713784\text{kJ} \tag{11-50}$$

F 总的热量收入$\sum Q_{入}$

$$\sum Q_{入}=Q_{电}+Q_{料}+Q_{氧}+Q_{FeSi}+Q_{渣}$$

$$=1713784+0+1497146+17341+1874=3230145\text{kJ} \quad (11-51)$$

11.3.3.2 支出热量$\sum Q_{出}$

（1）分解氧化物需热$Q_{分}$：

$$SiO_2 = Si + O_2 \quad \Delta H^0_{298}=911.51\text{kJ/mol}=19815\text{kJ/kg} \quad (11-52)$$

为简化计算，可将分解SiO_2、分解SiO所需热量一起计算：

$$Q_{SiO_2}=[89.63+6.90+(4.38+0.34)\times 0.5079]\times 19815=1960244\text{kJ} \quad (11-53)$$

分解Al_2O_3：

$$\Delta H^0_{298}=16417\text{kJ/kg} \quad (11-54)$$

分解Fe_2O_3：

$$\Delta H^0_{298}=5163\text{kJ/kg} \quad (11-55)$$

分解CaO：

$$\Delta H^0_{298}=11334\text{kJ/kg} \quad (11-56)$$

分解P_2O_5：

$$\Delta H^0_{298}=10514\text{kJ/kg} \quad (11-57)$$

$$Q_{分}=1960244+(0.44+2.44\times 0.5079)\times 16417+(0.4+1.51\times 0.5079)\times 5163+(0.14+0.32\times 0.5079)\times 11334+0.03\times 0.5079\times 10514$$

$$=1997427\text{kJ} \quad (11-58)$$

（2）合金加热到1800℃所需热量$Q_{合金}$。

1800℃时，Fe热焓为：

$$\Delta H_{1800}=1556.73\text{kJ/kg} \quad (11-59)$$

Si热焓为：

$$\Delta H_{1800}=2269.77\text{kJ/kg} \quad (11-60)$$

则75硅铁的$\Delta H_{1800}=2269.77\times 74.25\%+1556.73\times 22.56\%=2037\text{kJ/kg}$，生成56.006kg合金需吸热量：

$$Q_{合金}=2037\times 56.006=114056\text{kJ} \quad (11-61)$$

（3）渣加热到1800℃所需热量$Q_{渣}$：

$$Q_{渣}=0.262\times(1800-25)\times 2.242\times 4.187=4366\text{kJ} \quad (11-62)$$

（4）炉气带走热$Q_{气}$：

设炉气温度约为600℃，平均热容为1.139kJ/(kg·℃)

$$Q_{气}=(375.91+10.49)\times(600-25)\times 1.139=253063\text{kJ} \quad (11-63)$$

（5）炉衬吸热$Q_{衬}$：

炉壳平均温度130℃，环境温度25℃，单位热流量 $q_1 = 6699\text{kJ/(m}^2\cdot\text{h)}$，9000～10000kV·A电炉，炉壳表面约为100m²，每小的产量约1t，每小时熔炼硅石为1761kg，100kg硅石冶炼时间为：

$$\frac{100}{1761} = 0.057\text{h} \tag{11-64}$$

炉衬吸热：

$$Q_{衬} = q_1 \cdot F \cdot t = 6699 \times 100 \times 0.057 = 38184\text{kJ} \tag{11-65}$$

$$\begin{aligned} Q_{分} + Q_{合金} + Q_{渣} + Q_{气} + Q_{衬} &= 1997427 + 114056 + 4366 + 253063 + 38184 \\ &= 2407096\text{kJ} \end{aligned} \tag{11-66}$$

（6）炉口损失热 $Q_{炉口}$：

设冶75炼硅时炉口热损失等于热量总支出的6%～10%取8%，则炉口损失热量支出为：

$$Q_{炉口} = 2407096 \times 0.08/0.92 = 209313\text{kJ} \tag{11-67}$$

（7）冷却水带走热 $Q_{水}$：

已知每生产1t硅铁约消耗冷却水36000kg，水的比热4.1868kJ/(kg·℃)，所以56.006kg产品消耗冷却水为：

$$W = 36000/1000 \times 56.006 = 2016\text{kg} \tag{11-68}$$

冷却水带走热：

$$Q_{水} = 2016 \times 4.1868 \times (t_{出} - t_{入}) = 2016 \times 4.1868 \times (40 - 20) = 168812\text{kJ} \tag{11-69}$$

（8）烟尘带走热 $Q_{尘}$：

生产1t硅铁产生烟尘约为250kg，烟尘的平均比热为0.996kJ/(kg·℃)，则烟尘带走热为：

$$Q_{尘} = \frac{250}{1000} \times 56.006 \times 0.996 \times (600 - 25) = 8019\text{kJ} \tag{11-70}$$

（9）电损及其他。

该部分以收入与支出之差表示：

$$\begin{aligned} Q_{电损} &= \sum Q_{入} - (Q_{分} + Q_{合金} + Q_{渣} + Q_{气} + Q_{衬} + Q_{炉口} + Q_{水} + Q_{尘}) \\ &= 3230145 - (1997427 + 114056 + 4366 + 253063 + 38184 + \\ &\quad 209313 + 168812 + 8019) \\ &= 436905\text{kJ} \end{aligned} \tag{11-71}$$

$$\eta_{电} = \frac{Q_{供} - Q_{电损}}{Q_{供}} = 74.51\% \tag{11-72}$$

$$\eta_{热} = \frac{Q_{有效}}{\sum Q_{入} - Q_{损}} = \frac{2115849}{2793240} = 75.75\% \tag{11-73}$$

$$\eta_{总} = \eta_{电} \cdot \eta_{热} = 56.44\% \tag{11-74}$$

表11.13所示为75%热平衡。

表11.13 75%热平衡

收入项				支出项			
序号	项目	千焦	比例/%	序号	项目	千焦	比例/%
①	炭氧化放热	1497146	46.35	①	氧化物分解热	1997427	61.84
②	FeSi生成热	17341	0.54	②	合金加热需热	114056	3.53
③	炉渣生成热	1874	0.06	③	渣加热需热	4366	0.14
④	炉料带入热	0	0	④	炉气带走热	253063	7.83
⑤	电能带入热	1713784	53.06	⑤	炉衬吸热	38184	1.18
				⑥	炉口损失热	209313	6.48
				⑦	冷却水带走热	168812	5.23
				⑧	烟尘带走热	8019	0.25
				⑨	电损及其他	436905	13.53
合计		3230145	100	合计		3230145	100

11.3.4 简易配料计算

配料计算是根据原料分析结果和实际工作经验，采取一些经验数据为依据进行的。

（1）计算条件和基本数据如表11.14所示。

表11.14 简易配料条件

项 目	符号	硅75	硅45	项 目	符号	硅75	硅45
硅石 SO_2/%	$SiO_{2矿}$	98	98	焦炭烧损率/%	$H_{焦}$	4~6	4
干焦炭中C/%	$C_{焦}$	85	85	钢屑中铁%	$Fe_{料}$	98	98
合金中Si/%	$Si_{合金}$	75	45	合金中含铁%	$Fe_{合金}$	23	53
硅的回收率/%	η_{Si}	93	95	焦炭中水分%	$H_2O_{焦}$	10	10

假定还原硅石中的杂质、焦发灰分、电极糊灰分中氧化物所消耗的还原剂与电极中参加反应的碳量相互抵消。

基本反应式： $SiO_2 + 2C = Si + 2CO\uparrow$

相对分子质量： 60 2×12 28

（2）具体计算：以100kg硅石为基础需要的干焦量：

$$需用干焦量 = \frac{100 \times SiO_{2矿} \times 24}{60 \times C_{焦} \times (1 - H_{焦})} \tag{11-75}$$

硅 75：

$$\frac{100\times 98\%\times 24}{60\times 85\%(1-5\%)}=48.54\text{kg} \tag{11-76}$$

硅 45：

$$\frac{100\times 98\%\times 24}{60\times 85\%(1-4\%)}=48.04\text{kg} \tag{11-77}$$

则折合为湿焦量为：

$$\text{湿焦量}=\frac{\text{干焦量}}{1-H_2O_{\text{焦}}\%} \tag{11-78}$$

当 $H_2O\%=10\%$ 时

$$\text{硅 75 需湿焦量}=\frac{48.6}{90\%}=54\text{kg} \tag{11-79}$$

$$\text{硅 45 需湿焦量}=\frac{48.04}{90\%}=53.38\text{kg} \tag{11-80}$$

$$\text{配焦炭总的计算公式}=\frac{100\times SiO_{2\text{矿}}\times 24}{60\times C_{\text{焦}}\times(1-H_{\text{焦}})(1-H_2O_{\text{焦}})} \tag{11-81}$$

（3）钢屑加入量：

$$\text{需用钢屑数量}=\frac{100\text{kg 硅石生成纯硅量}\times\eta_{Si}\times Fe_{\text{合金}}}{Si_{\text{合金}}\times Fe_{\text{料}}} \tag{11-82}$$

$$\text{硅 75 需加钢屑最大量}=\frac{100\times 98\%\times 28/60\times 93\%\times 23\%}{75\%\times 98\%}=13.31\text{kg} \tag{11-83}$$

$$\text{硅 45 需加钢屑的最大量}=\frac{100\times 98\%\times 28/60\times 95\%\times 53\%}{45\%\times 98\%}=52.22\text{kg} \tag{11-84}$$

在实际生产中，炉子的容量、原料的波动、炉前操作等因素都会影响到生产的进行和产品质量。生产中要密切关注炉况和原料变化适时调节配料以达到稳定炉况保证产品质量的效果。生产中因为铁质工具及电极铁皮等会带入部分铁，实际加入铁量一般硅 75 配比要从最大钢屑量中减去 1.5 ~2kg，硅 45 减去 1 ~2kg。

11.4 硅铁冶炼工艺及炉况处理

11.4.1 硅铁生产工艺

11.4.1.1 配料

料批以 200kg 硅石为基础，还原剂数量根据原料化学成分、经验数据经计算而定。各种还原剂按一定比例搭配，木炭用量控制在不少于纯碳量的 1/4。灰分不大于 4%，挥发分高，反应活性好，比电阻高的烟煤和褐煤，要适当配入。其用量不得超过 1/4。配料时要注意原料变化及时调整配料。要注意原料的清洁，清除异物，防止杂质混入料内。

称量必须准确，每批误差不得超过 ±0.5kg。

11.4.1.2 烘炉

烘炉前的准备工作：

（1）检查供电、炉子绝缘、液压、铜瓦、把持器、卷扬机等各系统，进行空载运行。运转正常后才能开始烘炉。

（2）在电极下部放置三支长度适当（2700kV · A 炉子其长度 400mm 左右）直径为 100mm 的电极石墨电极棒，在铺垫一层厚度为 150 ~ 200mm，粒度为40 ~ 80mm 的焦炭，在炉子极心圆内再撒一层 5 ~ 20mm 厚的焦末便于起弧，并保护炉底。

烘炉操作。烘炉方法较多，可先用木柴烘，再加焦炭用电烘，也可直接用电烘：

（1）采用电烘炉的电压较常用电压低 1 ~ 2 级。工作电流从小逐渐增大。并间隙停电进行均热，同时，扒动焦炭并补充焦炭。电烘时间为 36 ~ 48h，用电量为 3 万 ~ 5 万千瓦 · 时。

（2）电烘炉时，同时用木柴和焦炭烘出铁口流槽。到出铁前要烘好锭模。

（3）烘炉结束后，将炉内残渣杂物和炉墙保护砖挖出去。

（4）清理炉内杂物后，拔掉炉眼烟囱管，并将堵眼泥球堵好出铁口。

11.4.1.3 开炉

开炉，炉衬烘好后，设备已经检查试运转正常，一切准备工作完成后，即可开炉。

用料制度：先配几批料，或减少硅石用量逐渐达到正常批料。用烘炉电压开炉，一直到电炉情况正常为止。引弧后向炉底三支电极周围投入木块和石油焦，数量视炉自容量而定，一般 5000kV · A 以下的炉子可投入 800kg 左右的木块，100kg 左右的石油焦。

严格控制料面上的上升速度，加料速度要和输入电量要一致。引弧后第一次加料要多投要轻，这样可以盖住电弧。以后加料要根据耗电量控制加料量，开炉操作尽量少动电极，加料要轻，以免炉料塌入电极下，使电极上抬。造成炉底上涨。新炉料面一定要维护好，一切操作都要轻，尽量减少下料量又不要跑火塌料，使炉内多蓄热，为形成正常炉况打下基础。炉口料面要平稳上升。第一、二炉更要注意，不许捣炉，使坩埚尽快更好地形成。对 2700kV · A 电炉加料后 12 ~ 20h 出第一炉产品，电耗 3.5kW · h 左右。第二炉 6 ~ 10h 出产品。第三炉恢复正常出产品时间。

11.4.1.4 加料

加料按配料要求配好料、运到炉前木块单独堆放。称料次序：木炭、石油焦、硅石。搅拌均匀后加到炉内。

操作上要采用出铁或沉料后集中加料的方法，其余少量地采用勤加薄盖的方法，在调火焰时加入。沉料时三支电极同时进行，根据焖烧情况，一般 50 ~ 80min 基本化空后，在刺火前集中沉料，沉料时可用沾水铁制工具快速进行，严禁工具熔化，影响产品质量。大沉料后先在紧靠电极周围处加木块，并且要立即用热料盖住木块，在盖新料。加料要匀，不允许偏加料。料面要加成平顶锥体，锥体高 200 ~ 300mm，炉心处略低于料面 100 ~ 150mm，加料后根据炉口火焰情况，加料调整火焰，保持均匀逸出，这样可以延长焖烧时间、扩大坩埚。不要等火焰过长甚至刺火才盖料。

要根据炉内还原下料情况加料，使供给负荷、还原速度、加料速度相适应，以控制正确的加料量，保持正常料面高度并控制炉温。加料速度超过熔化、还原速度，料面会抬高，炉温下降，加料不足或电极度上抬、硬性控制料面，炉口温度就会升高，此时热损失大，造成硅的挥发损失过大。

11.4.1.5 沉料、捣炉、透气

经过集中加料，小批调整火焰加料，保持炉气均匀逸出，一段时间后电极及周围炉料被熔化、还原出现较大空腔，此时，料层变薄，在大塌料前应该进行沉料。沉料就是主动集中下料。一般负荷正常、配比正确、下料量均衡，炉子需要到集中下料的时间是基本一定的。对 2500kV · A 电炉，约加 400kg 硅石的混合料批，约一小时左右沉一次料。如果超出正常沉料时间，应分析原因及时调整，有时是负荷不足，上次下料过多，还原剂不足，炉料还原不好等。如下料过多，要适当延长时间进行提温，如果还原剂不足应进行强迫沉料，同时撒入炉内少量还原剂。要学会掌握沉料时间，根据炉况和声音判断确定沉料时间。每班沉料约 5 ~ 6 次。炉况正常时可做到全炉集中沉料加料。使三相坩埚还原均匀，电极插得深，若因加料不均匀，透气性不好，还原剂量不当造成局部严重刺火时，可采取局部沉料加料的方法处理。

沉料时，捣松就地下沉，尽量不要翻动炉料层结构顺序，若遇大块粘料影响炉料下沉和透气时，应碎成小块或将其推向炉中心。

每次出炉后应用捣炉机或人工进行捣炉，捣炉可以疏松料层，增加炉料透气性，扩大反应区，从而延长焖烧时间，刺火少，使一氧化硅挥发量减少，提高硅的回收率。捣炉时操作要快，下钎子方向角度要掌握好，不要正对准电极。当炉况正常时，沿每相电极外侧切线方向及三个大面深深地插入料层。要迅速挑松坩埚壁上烧结的料层，捣碎大块就地下沉。不允许把烧结大块拨到炉外（遇有特大硬壳除外），然后把电极周围热料拨到电极根部，加木块（或木屑）后盖住新料。

每炉冶炼时间一般为 4h，正常炉口维护操作如下（以 2500kV · A 电炉为例）。

出炉后彻底捣炉，先加部分木块，盖热料，再集中加盖新料，将木块盖住，进行焖烧提温。同时对炉口火焰较大处盖新料。约20min后对冒火较好处轻轻透气，调整炉口火焰，使整个炉口火焰都很活跃。

焖烧50~80min后，待料面变成较薄的烧结层，估计炉内已还原较空时，再沉料一次。沉料后加木块，盖热料再盖新料。距出铁40~50min时再根据炉况沉料情况，拨新料至电极周围，再盖些不带木块的新料。

透气操作一般要在加料后20min左右进行，用沾水的圆钢（30mm左右）向冒火弱处插入，直到冒出白色火焰，再向外抽出并向上挑松炉料。

11.4.1.6 出炉、浇注及取样精整

出硅铁前先将流槽清理干净，在铸模底部垫上一块炭砖，锭模内刷石灰或石墨粉浆，上面放些碎合金块，以保护锭模。出炉时间，应根据炉子容量、生产条件、管理水平等确定最佳时间。每班出铁次数多，热损失就大，出铁次数少，又影响冶炼效果，影响产量。对6000kV·A电炉，每两小时出铁一次；2000kV·A电炉，每3~4h出铁一次。

用石墨棒的烧穿器进行开眼，铁水直接流到锭模中。待大流结束后用木棍通眼，炉眼内粘有渣时（一般工业硅有2.5%的炉渣）可用烧穿器将熔渣全熔化，使坩埚底部铁水边烧边流出。要修理炉眼适当扩大空洞体积，使冶炼过程稳定。在正常情况下，出铁过程只需要15min左右。

出铁结束后，把炉眼四周及炉内残渣扒净，再堵炉眼。堵眼时，先用合格块状工业硅堵内眼，最后用泥球堵眼。堵眼时尽量往里堵，保持50~100mm深。堵眼泥配比为耐火泥、石墨粉、碎电极糊、石灰浆为1:1:0.5:0.5，混拌均匀捏成球不散为好。

浇注：铁水连续浇注到一个平的带衬板的锭模上，然后破碎去渣。

取样和精整：产品分析检验规则、包装贮运按国家标准进行。在锭模上取分析试样。取样方法按合金上、中、下平面对角取样法进行，试样不得带夹渣。成品须精整后装桶入库。合格品不能回炉冶炼，更不能垫锭模，以免再度报废。

停炉操作：停炉前应出尽铁水，料批中适当增加木块配入量。若停炉超过八小时，应在停炉前适当降低料面；为保持炉子温度，停炉前先捣松料面加入木块，加入量视停炉时间长短而定，一般加50~100kg。停炉时间长，还可以加一定数量的木炭或石油焦保温，以防止炉料将电极黏住，停电后上提电极，然后向电极四周的空隙内加入木块，再下插以原来位置。停电时，要活动电极，以免炉料黏住电极，开炉时不能送电。

11.4.2 异常炉况处理

硅铁生产炉况正常的主要特征是电炉负荷稳定，电极下插深度1500mm左右，料层松软，料面透气性好，料面高度适中，炉心火焰大，全炉均匀的冒浅黄色火焰，很少有刺火、塌料现象，炉料均匀自行下沉，炉口温度低，炉眼易开，出铁均匀，合金成分稳定，产量高。

在生产中，炉料成分的稳定性、炉前操作水平、工艺参数等都会影响到炉况的稳定性。常见异常炉况主要有：

11.4.2.1 还原剂过剩

还原剂过剩是指原料中碳过多，焦炭电阻小，使导电性增强，导致通过炉料电流多，电极上抬，下插深度浅，坩埚缩小，电极周围塌料夹带刺火，电弧响声大，炉料埋不住弧，炉口温度升高，物料损失严重，损伤设备，还原剂过剩的现象表现为远离电极区域的料面没有或呈现微弱的蓝色火焰，出铁口不易打开，出铁不畅且量小、质量差。

处理方法：适当向电极周围投入含硅料（SiO_2），稳定电极，防止电极上移。组织人员彻底捣炉，改善炉料结构。如果采取以上两项措施，无明显效果，应立即针对计量、原料、设备等方面做全面检查。

11.4.2.2 还原剂不足

还原剂不足是指原料中碳过少，造成炉料发黏，料面透气性差，刺火现象严重，带有白色强烈火焰，电极工作不稳，电流波动大，捣炉黏块大，电极周围易结聚。捣炉后仍无大面积冒火，出铁不畅，产量低。

处理方法：适当投入含碳料，但不能偏加焦炭，先稳定电极。彻底捣炉，附加焦炭，在电极周围多扎透气孔，加强料层透气性，扩大坩埚。采取以上措施无明显效果，则应调整料比，批料中适当加入焦炭。

11.4.2.3 电极维护与操作

如果铜瓦冷却水量少冷却强度不够，铜瓦与电极接触不良，引起打弧使局部电极糊烧结加快。电极糊过早软化，挥发分提前排出，使烧结加快。因冶炼原因造成电极下插困难，长时间没有下放电极。炉料透气性不好，刺火严重而频繁，使电极周围热量过分集中。这些都会造成过早烧结。

处理方法：降低该相负荷，加强电极冷却。适当在该相处少加硅石，加快电极消耗。因电极糊原因则要用高挥发分、高软化点的电极糊，或加电极糊块，使电极焙烧减慢。

11.4.2.4 漏糊

液态或半液态电极糊从电极壳破损处流出称为漏糊。

产生漏糊的主要原因有：电极壳与铜瓦接触不良，引起打弧击穿电极壳。电极烧结不好，电流过大电极壳局部融化。电极壳焊接质量不好，焊缝开裂。电极定位板绝缘不好，或电极糊等导电物在相间导电打火烧穿电极壳。

处理措施：小的点滴漏糊可降低负荷焙烧。严重漏糊要立即断电，小洞用耐火泥、石棉绳堵住。在铜瓦以下漏糊时，将洞堵住后放倒电极，用铜瓦夹住漏糊处，缓慢提升负荷。严重漏糊应将炉口露出的电极糊全部清理掉，用铁皮打箍焊好，补加电极糊，并架木柴烘烤，待表面硬结才能送电，缓慢升负荷焙烧。

11.4.2.5 硬断

电极在已烧结部分折断称为硬断。如果电极糊质量不好，如灰分过高、挥发分过低、黏结力差造成电极度低。电极烧结时在挥发阶段停留时间短，电极中气孔率高，强度低。电极糊中带入灰尘杂物等造成局部有杂物，载面减小，电流密度增大或烧结不好，在此载面上发红突然折断。电极糊柱因各种原因造成高温段上移，融化过早，造成颗粒分层，影响烧结强度。炉况不好电极上抬，炉子缺碳发黏，电极波动，电极升降过频或捣炉操作不当，使电极受外力产生裂缝而折断。

停电后升负荷过快，造成热应力裂断，或停电时间过久，因激冷激热产生应力使电极裂开剥落而折断。硬断通常都有局部小裂缝发红，后来越来越亮，瞬间甚至发白打弧折断，断时有耀眼的弧光和响声，电流表突然回零。若断头很短，埋在料里较难判断，可放圆钢插入进行试探。

处理措施：若大电炉断头200~400mm时，取出不便，若不在出铁相，可在出铁时将断头坐下，在此相加些石灰或硅石以加速消耗。若小电炉要设法取出。如断头长则必须取出，然后放下电极，此相送电后不让打弧也不加料，让另两相电流帮助焙烧。也可在该相炉口加木柴同时焙烧，此时注意减少负荷，防治引起烧结不良漏糊折断。

11.4.2.6 软断

电极未焙烧好处折断称为软断。电极糊质量不好，挥发分过高，软化点偏高。电极糊块度过大，造成电极糊架空，烧结过程中出现空洞。电极壳厚度不够，承受不住较大的应力而断裂。漏糊后及时停电，电流上升，造成电极壳在软断交界处断裂。电极消耗过快，电极下放间隔时间太短，电极焙烧不良等因素，造成先漏糊再软断。电极一次下放过长，电极软，铜瓦夹不住，电极下滑没有及时停电，造成铁皮烧毁软断。

下放电极后升负荷太快，在软断交界处受大电流冲击而断。软断常发生在下放电极后5~20min内，在新放下的电极处。

处理方法：立即将铜瓦松开倒放到原来的位置，将流油处夹在铜瓦上，夹住原来的硬头。注意不能夹歪电极头，清理流出的电极糊，关小冷风及冷却水，观察情况送负荷，若夹住硬头较多，可基本给满负荷焙烧，且正常冶炼；若夹住硬头较少，降负荷焙烧。无论什么情况本相电极要间隔较长时间才能在放。若放下的断头已经接上，正常冶炼；若仍未能接上，但经过焙烧后，断处不再流油，基本变硬，则将下面断头取出，按照电极硬断处理。若仍流油，还要夹住硬头焙烧；难以处理时应另焊一个铁皮在电极底部，重新加电极糊，按新电极焙烧程序焙烧。有时倒放铜瓦，夹住原来硬头却拔不起来，可送电用电阻焙烧电极。其方法是抬起其他二相电极送电，用其他二相控制负荷，使断电极处于低电压、高电流的情况下，用电阻热加速焙烧，焙烧良好即可投入正常生产。

软断是事故中最麻烦的一种，需注意预防。首先注意一切使电极烧结不好变软的因素，并经常检查调整各项影响烧结的因素，放电极后升负荷不能操之过急，发现焙烧不好要降低负荷焙烧，经常检查电极糊质量变化，注意电极壳制作质量，电极下放长度和间隔，电极糊柱不要过高或一次加入过多电极糊等。

11.4.2.7 炉底上涨

生产中生成碳化硅容易，破坏难，由于冶炼操作使生料入坩埚，加快了碳化硅的生成和生料的沉积。要控制炉底上涨速度，应精选炉料，选择和摸索合适的炉子参数，合理的工艺操作以扩大坩埚，取得最佳作业状态，减少炉底上涨速度，延长冶炼周期。

12 硅铁生产的主要设备

12.1 矿热电炉

12.1.1 矿热电炉参数计算及选择

电炉电气参数对炉子冶炼的炉况影响极大，即使在同一品种相同的冶炼工艺条件下，不同的容量、不同的二次电压及二次电流对冶炼效果的影响会大不一样，故对电气参数的选择要合理。

12.1.1.1 确定变压器的容量

设计炉子时一般都是确定变压器容量，然后再以此来确定电炉其他参数，通常先根据所要求的电炉生产率、日产水平，利用下面的经验公式，首先确定电炉变压器的额定容量：

$$S = GW/(24\cos\varphi k_1 k_2 k_3) \qquad (12-1)$$

式中 S——变压器的额定容量，kV·A；

G——要求的电炉日产水平，t/d；

$\cos\varphi$——功率因数；

k_1——实际工作时变压器利用系数；

k_2——作用时间利用系数；

k_3——功率利用系数。

只要容量一确定，其熔池功率可按下式来计算：

$$P = S\eta\cos\varphi \ \text{kV}\cdot\text{A} \qquad (12-2)$$

式中 η——电炉效率。

12.1.1.2 确定二次电流

二次电流是电炉的重要参数之一，因为电炉内操作电阻与电极、变压器各元件是串联关系，故流过操作电阻的二次电流跟电极、变压器二次侧电流是一样的，这给冶炼控制带来很大的方便。

A 从电气参数关系确定二次电流

一般可从变压器的标牌、短网等较容易得到变压器二次侧基本参数，比如视在功率 J_s、阻抗 x、输出功率 P，其二次侧内阻也较易测量出来，依电气关系得：

$$S = 3I_2^2\sqrt{X^2 + (R + r)^2}$$

$$P = 3I_2^2R \tag{12-3}$$

式中 X——电炉阻抗；

r——电炉内阻。

消去 R 得：

$$I_2 = \sqrt{\frac{S^2 - P^2}{3Pr + 3\sqrt{(S^2 - P^2)X^2 + S^2r^2}}} \tag{12-4}$$

B 相似法确定二次电流

式（12-4）求二次电流只是从电气参数关系来考虑，没有考虑到不同品种、不同的冶炼条件以及不同的操作电阻对二次电流的影响，故适用范围不大，对于一些特定的品种则不适用，但是从上面这些条件来确定二次电流需要考虑的情况相当复杂，甚至不可能，这时可以采取工业上相似处理办法来考虑，即选择同品种同工艺下效果比较好的炉子参数，进行放大或缩小而得到所需的二次电流值，这种方法中有较好论述。从威斯特里的公式来看，系数只与所冶炼的品种及工艺有关，而与炉子参数无关，故有：

$$I_2 = C_{流} P^{2/3} \tag{12-5}$$

$$\frac{I_2}{I_2'} = \frac{P^{2/3}}{P'^{2/3}} \tag{12-6}$$

从而得：

$$I_2 = \frac{P^{2/3}}{P'^{2/3}} I_2' \tag{12-7}$$

式中 I_2——参考炉台的二次电流，A；

P——参考炉台的熔池功率，kV · A。

相似法计算二次电流值对一般的合金产品均适用，由于是选择比较好的炉子参数进行放缩，原有炉子参数的优点得以继承，减少设计的失误。

12.1.1.3 二次电压的确定

二次电压是电炉电气另一个重要的参数，它对二次电流、有效功率、操作电阻、反应区大小有重要的影响，但由于电炉内各部分是串联的关系，故电极两端的电压值要小于二次电压值，但只要知道二次电流值的大小，我们就可以利用电气关系把它求出来，并确定相应的电压级数。

由电气关系得：

$$P = 3I_2^2R$$

$$S = 3U_2I_2 = 3I_2^2\sqrt{X^2 + (R + r)^2} \tag{12-8}$$

若知道视在功率 S 值，得：

$$U_2 = \frac{S}{3I_2} \tag{12-9}$$

若知道有效功率 P 值，得：

$$U_2 = \sqrt{I_2^2X^2 + \left(\frac{P}{3I_2} + I_2r\right)^2} \qquad (12-10)$$

12.1.2 电炉几何参数的计算和选择

目前，大多数电炉几何参数都是从威氏公式计算出来的，由于计算参数选取的误差，其实际的冶炼效果都不是很理想。要确定电炉尺寸，必须了解电炉内部的工作情况，电炉内部主要是由死料区、熔池区、反应区、烧结区、预热区等区域组成，由于电流主要在三相电极所形成的区域内流过，所以反应区主要集中在极心圆内，根据斯特隆斯基的理论，反应区底圆直径等于极心圆直径，只有这样才能使整个料区（其中包括三个电极的中间部分）成为活性区，实际参与熔炼的原料都集中在极心圆区内，而极心圆外靠近炉壁部分则是死料区。炉膛内径取决于所能熔化原料区域的宽度，为了使反应区不因散热过快而缩小，又要保持炉衬寿命，不使高温对炉衬侵蚀过快，需要一定的死料区，以保护炉衬和增加炉子的热稳定性，保持一定的蓄热量，使得炉子在停炉或负荷波动时温度波动不大，减少炉衬散热损失，使炉子高温区与炉壳之间，有一定的炉料保温作用，使温度成梯度减小。

12.1.2.1 电炉体积的计算

由于大多数电炉都是针对某种产品来设计的，这样做便于选择合适的参数，使电炉设计更为合理。故电炉的体积也应从该产品的实际原料消耗量来考虑：

每炉所消耗炉料的体积为：

$$V_{料} = \frac{PTQ}{\rho W} \qquad (12-11)$$

式中 P——电炉平均功率，kW · h；

T——每炉冶炼时间，s；

Q——每吨铁所消耗的原料总重，kg/t；

ρ——原料平均密度，kg/m³；

W——每吨铁耗电量，kW · h/t。

根据斯特隆斯基的理论，每炉所消耗炉料的体积等于极心圆区域的体积，故炉膛的体积可按下式计算：

$$V_{膛} = \left(\frac{D_{膛}}{D_{心}}\right)^2 \times \frac{PTQ}{\rho W} \qquad (12-12)$$

12.1.2.2 炉膛深度的计算炉膛深度

一般与炉料的操作电阻、电极工作端长度、反应区大小等因素有关，炉膛深度与炉膛直径尺寸选择除了要保持一定的容积外，应使炉衬的散热面积尽可能减少，以降低热量的损失。由于操作电阻、反应区大小等因素难以确定，故炉膛深度大多数都是选择使炉衬的表面积尽可能小的方向。炉膛的容积计算公式为：

$$V_{膛} = \frac{\pi D_{膛}^2}{4} H \tag{12-13}$$

则炉衬内表面积计算公式为：

$$S_{衬} = \frac{\pi D_{膛}^2}{4} + \pi D_{膛} H \tag{12-14}$$

把式（12-13）代入式（12-14）：

$$S_{衬} = \frac{\pi D_{膛}^2}{4} + \frac{4V_{膛}}{D_{膛}} \tag{12-15}$$

令：

$$\frac{\mathrm{d}S_{衬}}{\mathrm{d}D_{膛}} = \frac{\pi D_{膛}}{2} - \frac{4V_{膛}}{D_{膛}^2} = 0 \tag{12-16}$$

解得：

$$D_{膛} = 2\sqrt[3]{\frac{V_{膛}}{\pi}}(\mathrm{m}^2) \tag{12-17}$$

$$H = \sqrt[3]{\frac{V_{膛}}{p}}(\mathrm{m}^2) \tag{12-18}$$

此时：

$$\frac{\mathrm{d}^2 S_{衬}}{\mathrm{d}D_{膛}^2} = \frac{\pi}{2} + \frac{8V_{膛}}{D_{膛}^3} > 0 \tag{12-19}$$

故当炉膛深度为炉膛直径的一半时，炉衬的内表面积最小。当然对于冶炼不同的品种也可以根据实际情况作适当的调整。

12.1.3 电炉计算公式及实例

设计依据：25.5MV·A 矿热炉冶炼硅铁 75，三台 8.5MV·A 单相变压器供电，设备有损电阻 0.28mΩ，炉变和短网感抗折算到二次侧为 0.695mΩ。

已知某厂建设 25.5MV·A 矿热炉，由三台 8.5MV·A 单相变压器组成变压器组供电，变压器对称布置，采用常规工艺冶炼硅铁 75，设年产量 $Q = 20000$ t/a。现选择产品电阻炉常数 $k = 34.2$，单位电耗 $W = 8300$kW·h/t，电网不限电，试按照上节所述计算公式计算这台矿热炉的参数。

（1）全炉三相电极有效功率计算公式如下：

$$P_{\mathrm{E}} = \frac{QW}{8760 a_5} = \frac{20000 \times 8300}{8760 \times 1} = 18950\mathrm{kW} \tag{12-20}$$

（2）每相电极操作电阻计算公式如下：

$$R = K_{炉} P_E^{-1/3} = 34.5 \times 18950^{-1/3} = 1.294\text{m}\Omega \tag{12-21}$$

（3）电极电流计算公式如下：

$$I = \left(\frac{P_E}{3R}\right)^{1/2} = \left(\frac{18950}{3 \times 1.294}\right)^{1/2} = 69.9\text{kA} \tag{12-22}$$

（4）电极直径计算公式如下：

1）按平均电流密度初选：

$$D = \left(\frac{4I}{\pi j}\right)^{1/2} = \left(\frac{4 \times 69900}{6.3\pi}\right)^{1/2} = 119\text{cm} \tag{12-23}$$

2）按 P 值初选：

$$D = aP_E^{1/3} = 4.46 \times 18950^{1/3} = 119\text{cm} \tag{12-24}$$

3）核算电极负荷系数。初步选定 $D = 125\text{cm}$，以便提高电炉的电力密度。计算电极的交流附损系数：

$$K = 0.737e^{0.00345D} = 0.737 \times 2.718^{0.00345 \times 125} = 1.13 \tag{12-25}$$

4）核算电极负荷系数：

$$C = \frac{K^{1/2}I}{D^{1.5}} = \frac{1.13^{1/2} \times 70.2}{125^{1.5}} = 0.053 > 0.05 \tag{12-26}$$

决定选 $D = 125\text{cm}$，并增大电极壳厚度来补偿其附损系数的偏高。取电极壳厚为4mm。

5）核算电极壳断面的理想电流密度为：

$$i = \frac{69900}{\pi \times 1250 \times 4} = 4.45\text{A/mm}^2 \tag{12-27}$$

（5）电极中心距。

1）按 I 值初选：

$$L_{心} = b_1 I^{1/2} = 30.0 \times 69.9^{1/2} = 251\text{cm} \tag{12-28}$$

2）按 P_E 值初选：

$$L_{心} = b_2 P_E^{1/3} = 9.20 \times 18950^{1/3} = 245\text{cm} \tag{12-29}$$

3）按 D 值初选：

$$L_{心} = 2.06D = 2.06 \times 125 = 257\text{cm} \tag{12-30}$$

考虑电炉附属设备条件，选定 $L_{心} = 281.5\text{cm}$。

（6）极心圆直径。

$$D_{心} = 1.155L_{心} = 1.155 \times 281.5 = 325\text{cm} \tag{12-31}$$

（7）心边距。

1）按 I 值初选：

$$L_{边} = c_1 I^{1/2} = 20.0 \times 69.9^{1/2} = 167.2\text{cm} \tag{12-32}$$

2）按 P_E 值初选：

$$L_{边} = c_2 P_E^{1/3} = 6.50 \times 18950^{1/3} = 173.3\text{cm} \quad (12-33)$$

3）按 D 值初选：

$$L_{边} = c_3 D = 1.43 \times 125 = 178.8\text{cm} \quad (12-34)$$

决定选取 $L_{边} = 178\text{cm}$。

（8）炉膛直径。

$$D_{炉} = D_{心} + 2L_{边} = 325 + 2 \times 178 = 680\text{cm} \quad (12-35)$$

（9）炉膛深度。

1）按每极有效相电压初选：

$$H = d_1 IR = 2.60 \times 69.9 \times 1.294 = 235\text{cm} \quad (12-36)$$

2）按 P_E 值初选：

$$H = d_2 P_E^{1/3} = 8.50 \times 18950^{1/3} = 227\text{cm} \quad (12-37)$$

3）按 D 值初选：

$$H = d_3 D = 1.9 \times 125 = 238\text{cm} \quad (12-38)$$

本例实用值为 $H = 280\text{cm}$。

最后确定的电炉尺寸草图，如图 12.1 所示。

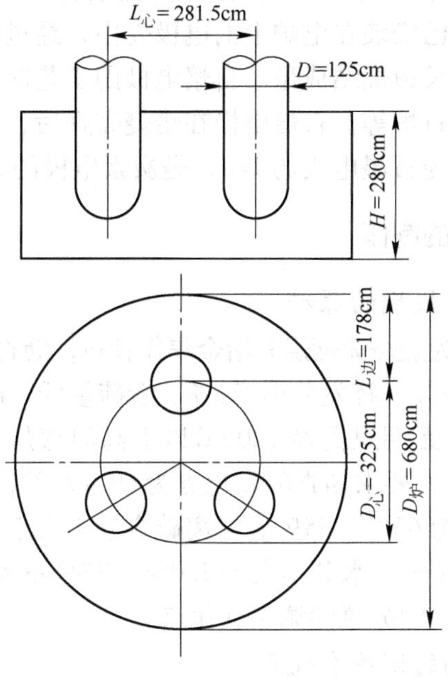

图 12.1 25.5MV·A 硅铁 75 炉主要尺寸

12.2 电极

电极是把电能转化为热能的载体，当电极把大电流源源不断地输送到矿热炉中时，它就成为制约矿热炉生产和运行指标的重要组成部分。随着矿热炉容量的大型化，电极几何尺寸的不断增大，最大电极直径已达2m，通过电极电流达到了150kA以上，电极工作端达到4m以上，总质量达到6.5t。

12.2.1 电极的分类、性质及其用途

矿热炉中使用的电极有炭电极、石墨电极和自焙电极三种，根据不同的矿热炉容量、不同的产品品种、不同的工艺方式、应选用不同的碳素材料电极。

碳电极是以低灰分的碳素材料做原料，按一定比例和粒度组成，混合并加入黏结剂沥青，在一定温度下搅拌均匀、压制成型，然后在焙烧炉中缓慢焙烧而成。炭电极有一定的形状和强度，对比自焙电极，具有应用简单、操作简单、对环境无污染、综合成本低等特点。

石墨电极中的石墨是碳的同素异形体，它的导电性能比普通的普通炭素高4倍左右。石墨电极就是经过高温的石墨化处理而成的，采用石油焦及沥青为原料、以煤沥青为黏结剂，成品经成型、焙烧、石墨化、加工等工序。生产周期长达几十天。

自焙电极是用无烟煤、焦炭以及沥青和焦油为原料，在一定温度下制成电极糊，然后把电极糊装入已安装在电炉上的电极壳中，经过烧结成型。这种电极可连续使用，边使用边接长边烧结成型。自焙电极因工艺简单、成本低，因此被广泛用于铁合金电炉、电石炉等。自焙电极在焙烧完好后，其性能与炭素电极相差不大，但其制造成本仅为石墨电极的1/8，是炭素电极的1/3。

12.2.2 自焙电极的制作

12.2.2.1 制备电极糊的原料

制造电极糊的原料为煅烧无烟煤和冶金焦作骨料，沥青和焦油作黏结剂。其中要求无烟煤的灰分小于8%，挥发分小于5%，含硫量低，比电阻大于1000μΩ·m，热强度指数大于60%。无烟煤需经1200℃以上高温煅烧，以脱除挥发分。要求冶金焦的灰分小于14%，要求沥青的软化点为60~75℃，灰分小于0.3%，水分不大于0.5%，挥发物为60%~65%，游离碳含量不大于20%~28%。要求焦油的密度为1.16~1.20g/cm^3，水分不大于2.0%，灰分不大于0.2%，游离碳含量不大于9%。也可用焦油馏分蒽油调整软化点。

12.2.2.2 电极糊的制备和使用

电极糊的生产工艺非常简单，将煅烧的无烟煤、冶金焦，经破碎、筛分、配料加入煤沥青混捏后即成。为提高电极糊烧结速度，在配料中可加入少量石墨化冶金焦、石墨粒或天然石墨，以提高自焙电极的导热性能，使烧结速度加快。配料中无烟煤约占50%或更多，将无烟煤破碎至20mm以下，焦炭磨成粉加入。粒

度组成的控制要以颗粒的密实度大为原则，这样可以得到强度大、导电性好的电极。两种粒度混合时，要求大颗粒的平均粒度至少为小颗粒粒度的10倍；混合料中的小颗粒数量应为50%～60%。一般黏结剂的加入量为固体料的20%～24%。各种料按配比称量后加入混捏机中，混捏温度要比黏结剂软化点高70℃以上，搅拌时间不少于30min。

12.2.2.3 电极糊的消耗量（吨铁）

一般为：45%的硅铁约25kg，75%的硅铁约45kg，硅铬合金约30kg，硅锰合金约30kg，碳素铬铁约25kg，中低碳铬铁约50kg，碳素锰铁约40kg，电石约30kg。

12.2.2.4 自焙方法

连续自焙电极的外层是由1～2mm的钢板制成的圆筒，电极糊定期添加在圆筒内。随着生产的进行，下部电极逐渐消耗，电极糊下移，高温使电极糊逐步软化、熔融随电极糊继续下移，在更高温度作用下熔融的电极糊就会焦化，最后电极糊转化为导电电极。

12.2.3 自焙电极常见故障及其处理

在冶炼过程中，由于设备、原料、操作等因素造成的电极事故主要有：电极下滑、电极烧结过早或欠烧、电极硬断、电极漏糊、电极软断等，在生产中如何减少电极事故、提高作业率、减少事故发生，对于提高冶炼经济指标十分重要。

12.2.4 电极的消耗

降低电极消耗是一项有意义的工作，生产中影响电极消耗的因素是多方面的，如电极种类和质量，电极电流的密度大小、熔炼的品种、冶炼工艺和操作水平等。随着单位电耗的增加，电极单耗也在增加。硅铁及工业硅品种的电极消耗量见表12.1。

表12.1 硅铁及工业硅品种的电极消耗量

产　品	电极种类	电极消耗/$kg \cdot t^{-1}$
硅75	自焙电极	50～60
硅45	自焙电极	35～40
工业硅	碳素电极	70～90

12.3 电炉炉衬

12.3.1 耐火材料的种类、要求及其选择

一般而言，炉衬、炉底结构包含了工作层、保温层、隔热层、绝热层、钢板

层5个主要层次，但是每个层次的具体尺寸却是很有技术含量的，因为这涉及筑炉成本、炉子性能、炉子寿命等许多经济因素。

炉衬厚度过厚，引起筑炉成本上升，占地面积扩大，炉衬表面积增加，散热面积也增大；炉衬厚度过薄，抑或炉衬强度不够，抑或无法保温。炉底厚度也是如此。

国内外对炉衬、炉底散热强度计算表明，保持炉衬与炉底热损失为2%～4%是合理的范围内，或者保持炉衬表面温度在70～120℃是允许的。因此按照这个条件以及结合所选择材料的使用温度，根据传热学知识可确定炉衬与炉底工作层、保温层、隔热层、绝热层的厚度，钢板层的厚度根据强度需要而定。

25500kV·A工业硅矿热炉结构如图12.2所示。

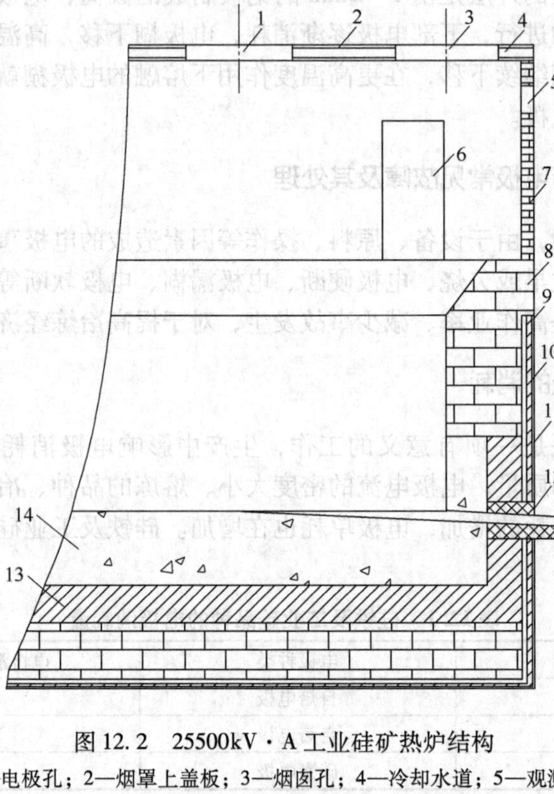

图12.2　25500kV·A工业硅矿热炉结构

1—电极孔；2—烟罩上盖板；3—烟囱孔；4—冷却水道；5—观测孔；6—捣料炉门；7—红砖；8—隔热耐火砖；9—纳米绝热材料；10—复合硅酸铝纤维毯；11—钢板；12—出硅口；13—高铝砖；14—自焙炭砖

出硅口是矿热炉上非常重要的一个部位，它的位置、结构形状、尺寸、材料选择都是需要仔细斟酌的。位置布置不当，出硅口部位温度低，出硅不畅或者是操作不方便；结构形状尺寸不当，也会导致出硅不畅或者封堵困难或者出硅时间延长；材料选择不当，容易氧化腐蚀，维修频繁。

在这次设计中，出硅口设计二个，每个出硅口水平位置与炉底齐平并比炉底水平线下倾斜3°，角度位置它处于炉心与电极中心两点的延长线与炉壁的焦点上。出硅口应当设计成圆形，便于烧穿与封堵，尺寸根据出硅时间要求计算并结合实际操作需要来决定大小为直径100～120mm，材料选择上容易氧化的外侧使用石英材料与碳糊。

12.3.2 炉衬的砌筑

在工业生产中节能渠道基本分为三大类。第一类是先进的技术工艺流程，第二类是先进精良生产设备，第三类是优良的节能材料。在这里将重点研究节能材料在工业硅冶炼领域的应用，这是在工业硅冶炼领域近年较少涉及与更新的方面，已经与新材料、新技术不断更新的今天不相适应。

节能材料主要体现在材料的隔热（绝热）性能上，对于工业硅冶炼系统而言，材料隔热性能好坏直接影响到矿热炉的热效率。从矿热炉炉体散发的热损失占总热量收入项的3.69%（这还是较低的，国内大部分为6%～8%），与国外相比存在1～2倍的差距。这主要是因为我国工业硅矿热炉炉体结构与材料通常是工作层用碳砖（上部用耐火砖），保温层用耐火砖，绝热层用石棉板或硅酸铝纤维毯，保护层（炉壳）用钢板的原因。这种结构和材料构成在今天看来已经不合理（但许多单位缺乏设计能力，仍在使用），原因一方面是我国矿热炉使用的材料导热系数大，隔热性能差，另一方面由于在筑炉时没有对材料结构进行合理设置，在同样大小导热系数材料条件下隔热效果也不理想。因此，为提高矿热炉热效率而对矿热炉炉体的结构和用材进行改革在目前相当必要。

改革开放以前，我国筑炉材料的品种非常单一，基本以天然矿物质加工制品为主，工业硅矿热炉筑炉时工作层主要是碳砖，保温层主要是黏土砖，绝热层主要是硅藻土、石棉板，而且各材料的适用性能也比较落后。随着节能、降低成本、新技术的应用、其他领域对材料的特定要求，我国科研人员在吸收消化国外材料制造技术与经验的基础上，积极自主创新，发展研究了一大批筑炉材料如陶瓷纤维、纳米微孔隔热材料、多层复合反射绝热板、微珠高强隔热砖等。无论从高科技的航天器、小到手中的保暖杯，人们都对材料的导热性能、强度要求等方面进行了广泛的研究和改进，直至今日，筑炉材料品种已大大得到丰富、产品的性能已得到大大提高，生产工艺不断进步、品种不断更新，材料发展逐渐走上科学精细发展的道路。在工业硅矿热炉筑炉中，我们应当积极应用当代科技成果，与时俱进地革新改进矿热炉的工作性能。

表12.2～表12.4分别列出了当今工业硅矿热炉筑炉时可供选用的工作层、保温层、隔热层与绝热层用材。

表 12.2 当今工业硅矿热炉筑炉时可供选用的工作层用材

名称	(2kgf/cm²) 荷重（软化点）MPa/℃	使用温度 /℃	常温耐压强度/MPa (kgf·cm⁻²)	热导率 /W·(m·℃)⁻¹	热膨胀系数 /℃
硅砖	1520～1620	1600～1650	(175～500)×10	1.05+0.93t/1000	$(11.5\sim13)\times10^{-6}$
炭砖	2000	2000	(250～500)×10	23.26+3.49t/1000	3.7×10^{-6}
石墨砖	1800～1900	2000	250×10	162.8～40.7t/1000	$(5.2\sim5.8)\times10^{-6}$
碳化硅砖	1500～1700	1600	(550～750)×10	14.2(600℃) 11.9(800℃) 10.9(1000℃)	4.76×10^{-6}

表 12.3 当今工业硅矿热炉筑炉时可供选用的保温层（坚固层）用材

名 称	密度 /g·cm⁻³	使用温度 /℃	常温耐压强度/MPa (kgf·cm⁻²)	热导率 /W·(m·℃)⁻¹
黏土砖	2.07	1400	(150～300)×10	0.18～0.60
高铝砖		1500	(390～490)×10	1.4
刚玉砖	3.20	1700	(200～700)×10	0.70～1.50
硅砖	1.9	1600～1650	(175～500)×10	1.05+0.93t/1000
碳化硅砖	2.4～2.5	1600	(550～750)×10	14.2(600℃) 11.9(800℃) 10.9(1000℃)
刚玉莫来石砖	1.5～1.7	1800	(200～500)×10	0.35～0.80
普通型耐火浇注料	2.0	1400	295×10	1.17～2.80
轻质隔热砖	0.4～1.5	1400	(9.8～59)×10	0.25～0.70
高铝质隔热耐火砖	0.4～1.5	1400	(8～40)×10	0.20～0.50

注：碱性耐火材料如镁砖、镁铝砖、白云石砖、镁铬砖、镁橄榄石砖、氧化钙质砖等不能用于工业硅矿热炉。

表 12.4 当今工业硅矿热炉筑炉时可供选用的隔热层与绝热层用材

名 称	导热系数/W·(m·K)⁻¹	密度/kg·m⁻³	使用温度/℃
石棉板	0.1～0.423	1100	1700
	0.13～0.15	<1300	600
硅酸铝纤维毯	0.09～0.16	128	1200
复合硅酸铝纤维毯	0.036～0.092	45～100	600

续表 12.4

名 称	导热系数/W·(m·K)$^{-1}$	密度/kg·m^{-3}	使用温度/℃
硅藻土	0.13~0.40	500~700	1000
膨胀珍珠岩	0.447~0.07	40~500	800
蛭石	0.046~0.07	80~900	1100
泡沫玻璃	<0.058	155~200	450
泡沫石棉	<0.035	20~22	500
微孔硅酸钙	0.065~0.13	140~270	1000
矿渣棉	0.048~0.14	77~160	650
岩棉制品	0.026~0.035	80~150	700
玻璃棉	0.043~0.11	48	350
陶瓷纤维毯	0.08~0.29	2600	1260~1600
空心微珠	0.028~0.054	50~200	800
纳米微孔隔热材料	0.025~0.038	400~500	1000
各种反射涂料	0.03，80%~90%的反射率	450~1500	150~1800

表 12.2~表 12.4 中，有许多是 20 世纪 80 年代后开发制造出来的材料，材料品种与性能与其 80 年代前有很大的改变，例如高铝砖是德国奥托焦炭公司 1956 年前后开发出来的，其强度与导热系数与今天高铝砖的性能相距较远，当时其高铝砖作为炼焦炉枪其强度较松散，承受压力大约为 100~200kgf/cm^2，导热系数为 3.47W/(m·℃)。硅酸铝纤维毯作为广泛应用的炉体保温材料，我国 1971 研制成功，到 1990 年代前，其品种单一，性能也不好，但是现在生产企业 200 家左右，总生产能力超过 4 万吨/年，品种繁多，包括普通硅酸铝纤维、高纯硅酸铝纤维、高铝纤维、多晶莫来石纤维、多晶氧化铝纤维和多晶氧化锆纤维等。空心微珠保温材料是另一种最近开发出来的保温材料，它是一种以电厂粉煤灰微珠和膨胀珍珠岩为基料，配以专用黏结剂，经高温烧结后制成的轻质成型料。据近年来国内外文献报道，粉煤灰中的一种空心微珠是在粉煤燃烧时，在炉温超过 1350~1500℃的高暖区域内产生的一种中空球形圆珠，其内部包含有氮和二氧化碳等气体，其表面耐磨性好，压强高，并有很好的耐酸性，是一种新兴的多功能材料。经试验研究表明，空心微珠具有颗粒小、质轻、中空、隔声、隔热、耐高温、绝缘、耐低温、耐磨、强度高等优异的多功能特性。另外现代筑炉与建筑还广泛使用薄层隔热保温材料——反射绝热涂料。20 世纪 90 年代，美国国家航空航天局的科技人员为解决航天飞行器的传热控制问题开发了一种太空绝热瓷层（Therma-Cover），我国于 2001 年也开发成功，在现代筑炉中已经开始广泛使用。这种材料由一些悬浮于惰性乳胶中的微小陶瓷颗粒构成，具有高反射

率、高辐射率、低导热系数、低蓄热系数等热工性能，只要在表面喷涂0.3～0.5mm涂层，就能有效抑制露天常温物体受太阳辐射热和红外辐射热，抑制效率达90%左右。

在利用这些筑炉材料时，除了节能方面的考虑之外，还必须考虑它在炉衬中的用途所带来的强度、使用温度、膨胀特性、耐腐蚀性、价格等因素。

对工业硅矿热炉的工作层来说，它要求：(1) 耐火度高。因工业硅冶炼温度在1800～2200℃之间，工作层炉壁与炉底温度1800℃左右，材料应该有足够高的软化、熔化温度。(2) 耐热强度高。在高温下，材料应该还能够承受炉子载荷、操作中产生的机械力、热膨胀力的作用而不变形、开裂。(3) 导热系数低。从工作层开始就应该具备优良的隔热性能，才能有利于节能。(4) 抗渣性能优良。工作层直接与炉料接触，选用的材料应该能承受炉料的侵蚀和冲刷。(5) 价格适当。投资者总喜欢低成本建造矿热炉。

根据工业硅矿热炉工作层的上述要求，工作层用材目前只能选择碳砖。它使用温度高、强度好、抗渣性好，尽管导热系数和价格还比较高。

工业硅矿热炉的保温层要求：(1) 耐火度高。对于工业硅矿热炉保温层同样也要求耐火度高，因为工作层隔热性能一般较差，同时保温层也有部分与炉料直接接触，所以也要求保温层能耐受高温而不软化变形。(2) 耐热强度高。在高温下，保温层材料也应该还能够承受炉子载荷、操作中产生的机械力、热膨胀力的作用而不变形、开裂。(3) 导热系数低。从节能角度出发，保温层也应该具备优良的隔热性能，才能有利于节能。(4) 抗渣性能优良。保温层也有部分地方直接与炉料接触，所以要求其也应具备一定的抗渣性能。(5) 价格适当。保温层用料量较大，价格上应当追求较低材料。

从保温层上述要求出发，工业硅矿热炉保温层材料可以用黏土砖、轻质隔热砖、高铝质隔热耐火砖，这三种材料性能上差不多，主要是比较价格。黏土砖是广泛应用且价格相对而言比较低的一种耐火材料，Al_2O_3含量一般在30%～50%之间，导热与承重性能都比较好，是炉衬主要用材。

工业硅矿热炉减少热损失起关键作用的地方是隔热层和绝热层，因此，选择好隔热材料与绝热材料非常重要。工业硅矿热炉隔热层和绝热层对材料的要求是：(1) 导热系数小。减少热量损失，保证炉膛内温度是隔热层和绝热层的主要用途，只有导热系数小，才能实现上述目的。(2) 弹性小。隔热材料与绝热材料一般是轻质、疏松、多孔的纤维状材料，膨胀收缩系数大，容易引起炉体松动，因此要求隔热材料与绝热材料收缩性小，以保证保温层与炉壳之间的严密性与整体性。(3) 能耐高温。由于保温层主要担负骨架承受负荷用，它的主要作用不是节能，所以其外泄热量相当大，其冷面温度也相当高，对紧贴其冷面的隔热材料和绝热材料来说，应当能够耐受其高温。(4) 价格便宜。根据工业硅矿热炉隔热层和绝热层对材料的上述要求，可以选定纳米微孔隔热材料作为隔热层和绝热层的用材。纳米微孔隔热材料是2000年以后我国相关单位从美国引进并消化吸收后逐渐推广应用起来的优良隔热、绝热材料，它能耐受较高的温度，且导热系数比通常用的隔热材料、绝热材料低1~4倍，节能效果突出。如果为了强化保温，还可以在纳米微孔隔热材料热面喷涂某种反射涂料。如果要求继续使用硅酸铝纤维毯，则应当使用硅酸铝纤维毯+泡沫石棉或泡沫玻璃或空心微珠结构，保温效果将更好。

选用低热导率的材料来增强保温是保温方法的一种，砌筑时材料结构的合理设计也是一种重要的保温方法。它包括材料厚度设计、材料间合理搭配使用、材料使用位置三个方面的内容。好的结构设计在同样材料使用情况下，隔热效果与经济性更好。

在材料厚度设计上，既要能保温承重，同时使用量还要适当，才能保证经济性。材料过薄，起不到保温承重效果，易折、易松动；材料过厚，虽然承重和整体性增强，但是超过临界厚度，保温效果反而下降，同时造价也上去了。

在材料间合理搭配使用上，要注意材料使用温度限制、材料导热系数、材料价格上的差异。使用温度高的材料应当靠近高温区，在温度一致情况下，导热系数低的应当在高温区一侧。材料合理搭配还能适当降低造价成本。

在材料使用位置上，在炉墙不同位置应该使用不同材料，在温度许可范围内，尽量选用导热系数低、强度高、造价低的材料，在需要加强保温措施部位应当考虑追加绝热材料的使用；对于容易腐蚀的出硅口位置，应当使用耐腐蚀的材料如碳砖、碳化硅砖，而不是常规思路来安排材料使用；对于炉底基础部位，在温度许可范围内，应当选用强度高、导热系数低、整体性好、造价低的材料。

有了上述研究基础，用来指导矿热炉炉体结构的设计才能真正地把隔热技术的作用发挥出来，制造出在国际上具有先进节能水平的矿热炉。表12.5比较了传统炉体结构与按照上述思路设计的炉体结构的隔热性能。

表12.5 传统矿热炉炉体结构与新设计的炉体结构隔热性能的比较

项　目	炉墙内表面温度/℃	炉壳钢板外表面温度/℃$^{-1}$	炉墙厚度与结构	炉壁热损失/kW	炉底热损失/kW	总损失/kW	节能差率/%
传统炉衬结构	1420	178	图5-5	69.78	27.17	96.95	0
新式炉衬结构	1420	137	图5-6	43.74	17.33	61.07	37

注：取平均温度；炉壁散热面积、炉底散热面积取该文中56.58m^2、23.40m^2；计算方法同该文一致。

12.3.3 电炉的烘炉、开炉、停炉、洗炉技术控制

电炉炉体砌成后，在投产前要烘炉，并储蓄必备热量。通过烘炉，使炉衬水

分和气体排除，将电极烧结成型，保证在加料前炉膛和电极适合冶炼要求。烘炉质量直接影响生产及炉衬寿命，因此，应制定烘炉时间表，严格按烘炉表烘炉。烘炉时间的长短，主要取决于烘炉方法、炉衬种类、炉子大小及冶炼品种等。

12.3.3.1 烘炉

烘炉前首先检查各种设备及系统，导电系统、电极升降系统、电极悬挂系统、电极压放系统、配料系统、吊运系统、水冷系统，对封闭电炉还包括封闭系统、炉气净化系统等，并按生产条件试车，合格后方可烘炉。

为防止炉衬炭砖氧化，在炉衬炭砖部分砌一层黏土砖，以保护炉衬。在制作的有底电极壳内装入粒度10～100mm的电极糊，保证糊柱高度为3.0m左右（铜瓦上沿300～500mm），以获得烧结良好的电极。将电极把持器放到上限位置，保证烘炉时有足够长度的电极被烧结。电极在烧结过程中有大量挥发物逸出，为加快电极烧结速度，防止电极烘裂，在电极工作端上部钻一些直径3～5mm的小孔。在出铁口内放一直径100～200mm、内小外大的铁管，中间填充焦粉，两头塞入泥球，有的为了便于通风，两头暂不堵上。

烘炉时要砌花墙或焊花栏。在三相电极周围用黏土砖砌一花墙或用铁条焊一花栏，以便点炉时放焦炭，花墙或花栏高度决定焙烧电极的高度。一般保证焙烧部分电极能始终被包在燃烧在焦炭中。为了防止炉底碳质材料氧化，在一切准备工作完成后，可以在炉底铺一层厚100mm左右的焦炭或焦粉（0～3mm），再烘炉。

整个烘炉过程分两个阶段。第一阶段是柴烘、油烘或焦烘，目的是焙烧电极，使其具有一定承受电流的能力，并除掉炉衬内的气体、水分。第二阶段是用电烘，目的是进一步焙烧电极，烘干炉衬，并使炉衬达到一定的强度，满足冶炼要求。

小电炉和大电炉烘炉基本相同，但有的小电炉只用柴烘，不单独进行电烘，采用加料后边生产边烘炉的办法；而有些大型电炉则采用直接电烘炉的开炉操作。

12.3.3.2 开炉

炉体在冶炼前虽经烘炉预热，但其温度与正常冶炼温度相比仍较低，因此，开炉时通常都先冶炼硅45。为继续提高并保持炉底温度，开始加料时料面要缓慢上升，并于一周内保持在较低料面操作。由于炉温较低，在出铁前这段时间内所加入的料批中，钢屑配量应较正常料批低20%～30%。

加料前先将烘炉焦炭灰烬清除，堵好出铁口。开始加料的料批组成大致是：硅石200kg，焦炭100～110kg，钢屑70～80kg。开始加料应将电弧埋住，而后小批缓慢加入。经6～8h出第一炉铁。在此期间可根据炉况适当调整焦炭加入量。根据炉前铁样分析，可往包内加钢屑调整成分，并按第一炉实际成分和炉况，调整料批中的钢屑和焦炭加入量。此外，也有开炉就炼硅 75 的，其开炉操作与硅 45 相似，但料批中钢屑量较正常配量要低 50% ~60%，并且要冶炼更长一段时间才能出第一炉铁。

12.3.3.3 停炉和送电

停炉分热停炉和长期停炉。在连续生产的电炉上，由于定期检修或临时故障等原因需要停炉，称热停炉。热停时间应尽量短，以减少热损失，以便送电后尽快恢复。热停炉时，要保证电极工作端长度，保护电极（主要是电极保温），避免电极事故。由于热停时间长短不等，采取的方法也不同。

当热停时间小于 3h 时，将炉内热料推向炉子中心，要保好温；热停时间在 3 ~8h 时，往电极周围加入焦炭，每批 20kg 左右，下降电极，每 30min 活动一次电极，以防电极被焊住；热停时间在 8 ~32h 时，下降料面，停电后在料面上加一层焦炭，电极周围加一些焦炭并活动电极，让电极下面有焦炭，一般加入 200 ~300kg，并出净渣铁。

停电小于 3h 的可直接送电。大于 3h 时，可先用小负荷给电，逐渐加大电流，经 2 ~4h 后达到额定功率，当送到 1/2 ~2/3 负荷时，可慢慢加料，前 3 ~4 批料中适当提高配铁量。为提高炉温可延长出铁时间，一般停电 8h 以上时，可在送电 4 ~6h 后出第一炉铁。

长期停炉有两种情况：一种是计划长期停炉，在这种情况下，一般都经洗炉后才停炉；另一种是因某种原因被迫长期停炉，这种情况下，通常都来不及洗炉就停炉了，因此，开炉前必须挖炉，尽量减少炉内积存料并使电极能上下活动。这两种情况下，在开炉前都应将出铁口和电极间的炉料打通，在电极下和电极间的冷料面上加些焦炭和钢屑，以较低一级电压通电，电烘一段时间。为了维护好电极，使之不易折断，负荷应缓慢上升。也有在送电前将老电极打掉一段，以防开炉后电极折断和因此而产生的一系列恶果，在这种情况下，就需要用木柴焙烧电极之后才能送电。当炉温提高后便可加料冶炼（最好先炼硅 45，以便迅速恢复炉况），其操作与新开炉冶炼大致相同。

12.3.3.4 洗炉

洗炉的目的是要长期停炉，如大修时要洗炉，有时炉底上涨特别严重时也要洗炉。洗炉方法是加入一定的造渣剂。洗炉时可加入石灰量为石灰量的 10%，形成低熔点、流动性好的炉渣，将炉内半熔炉料、黏稠炉渣等排出炉。洗炉时应加入石灰石、铁矿石、铁鳞、萤石等材料，一般在放渣前加入萤石，洗炉前先降低料面，加强捣炉，当料面降到一定高度时，加入洗炉料。为确保洗干净，将大块料推向炉中心，尽量减少生料。可多洗几次，即加一次洗炉料，放一次渣，至合格为止。

洗炉操作是这样的：为减轻洗炉工作量和保证电极能充分地加热炉底，在洗炉前8h开始降低料面，尽量多降些；洗炉是在露弧下操作，电极由于受到空气和炉渣的强烈氧化和冲刷，消耗很快，所以，应保证电极有足够长的工作端；料面降好后，便可陆续加入石灰进行洗炉。一般洗1~2次即可，每炉加入石灰量应根据炉子容量大小、炉内积渣多少等条件而定，较大容量电炉每炉加石灰量为4t左右。

洗炉时要保证电极有一定长度，因洗炉时电极消耗量大，炉口温度高，容易烧坏铜瓦和电极设备，应防止设备烧坏而漏水和发生爆炸事故。洗炉时渣量较多，要特别加强炉前工作，保持炉前场地干燥无水，附近不堆放易燃物，由于炉墙受到大量流动性良好的炉清的侵蚀与冲刷，容易产生跑眼和出铁口烧穿事故，应予以注意。要准备好盛渣罐，要堵好出铁口，防止跑眼和烧穿炉衬等。

12.4 变压器

电炉是现代工业中重要的工艺装备，它的用途十分广泛。在冶金工业中，电炉用来熔炼优质合金钢和铁合金等；在化学工业中，电炉用来生产黄磷、电石及合成树脂等；在机械工业中，电炉用来铸钢、铸铁和合金熔铸等。电炉种类很多，数量最多的为电弧炉和电阻炉。电弧炉加热原理是利用气体电弧放电产生热，其代表的有交流电弧炼钢炉、直流电弧炼钢炉及钢包精炼炉等。电阻炉加热原理是在直接与电源连接的导电材料内，由通过电流产生的焦耳热，其代表的有电阻炉、埋弧炉、电渣炉和石墨化炉等。一般习惯上也将埋弧炉归入电弧炉范畴。由于电炉具有能耗低、质量高、环境污染轻和投资见效快等优势，在近年获得突飞猛进地发展，电炉变压器的制造技术和产量也顺势得到了迅猛地提高。国内目前已具备生产各种用途大型电炉变压器的能力，产品既便宜又可靠，不但进口明显减少，而且大型电炉变压器已销售到世界各地。可以说，中国电炉变压器的技术水平、质量和产量已经站在了世界的最前列。

高阻抗电弧炉的基本原理是依靠大幅度提高变压器二次电压来增加电弧功率和提高功率因数，依靠串联电抗器来稳定电弧燃烧和限制工作短路电流倍数，依靠提高电效率来降低电耗、提高生产率。显然，高阻抗电弧炉节能增效是采用长电弧、小电流操作的结果。普通功率电弧炉是短粗电弧操作，$\cos\varphi < 0.707$，不存在电弧不稳定燃烧问题。高阻抗电弧炉采用长弧操作，会造成功率因数接近极限值0.866，使电弧燃烧不稳定。为使电弧高效燃烧，电炉变压器一次侧要串入一个电抗器，使电压和电流之间的相位差加大。这样，当电弧电压小于电弧燃烧的最小电压时，电抗器两端出现的感应电压将和电源电压相叠加而维持电弧燃烧。加入串联电抗器后，主电路的最佳功率因数在0.75~0.86之间。

高阻抗电弧炉变压器的特点如下：（1）由于高阻抗电弧炉完成硅熔化和还原任务，所以炉变调压范围，一般控制$U_m/U_n = 35$左右，35kV及以下的中等容量产品可采用经济的直调式结构。(2) 大多要求炉变箱内进行二次地接，要注意阻抗均衡和防止局部过热。(3) 金属结构件要有“绝缘断口”，接地线的面积要足够。(4) 产品可靠性更为重要。

12.4.1 变压器结构

12.4.1.1 铁芯

铁芯有芯式、壳式之分。芯式的结构与工艺与常规电力变压器大致相同，技术继承性好。壳式铁芯的特点是铁芯包围绕组，壳式铁芯电炉变压器几乎可以满足冶炼工艺的全部要求，如线性调可以做到输出电压级差相等、阻抗低达2%、损耗和几何尺寸小等。但壳式铁芯存在工艺复杂、技术要求严格、铁芯和绕组的紧固不易保证、作业面积占用大、运行现场不能维修等缺点。而目前芯式铁芯电炉变压器经绝缘和散热的技术改进、绕组的特殊设计等，几乎完全可以达到壳式铁芯炉变所具有的优点，权衡利弊，目前世界上仍以芯式铁芯为主。由于低压绕组匝数极少，为使铁芯磁密保持最佳数值，充分利用铁芯材料，国内外有的厂家已不再要求铁芯直径标准化，但片宽保持标准化。

低压绕组可以用多根纸包扁线或组合导线并绕，也有为更进一步降低损耗用换位导线绕制的，也有为便于与汇流排机械连接用薄扁铜带的。对于低压绕组为1~2匝的也可用整张铝板或铜板机械制作。所有这些，如果设计得当都不会造成大的涡流损耗。直调式和调变式的低压绕组以双饼式为主。间调式炉变的低压绕组为主串变绕在一起的所谓“8”字形线圈，也有因主串变为分立器身，主串变低压绕组采用双饼式的，待器身装配完毕后，通过各自的汇流排串联。

12.4.1.2 过压抑制装置

目前国内外过电压抑制装置多采用氧化锌避雷器（ZnO）和阻容吸收器。用氧化锌避雷器来限制操作过电压，主要是利用了氧化锌压敏电阻非线性伏安特性。当工作电压作用时，它具有很大的电阻，只有微安数量级电流通过。一旦出现过电压，在数毫秒内它的电阻急剧减小，使得大电流通过其上时不致产生很高的残压，此残压值决定了操作过电压幅值，从而对炉变承受的过电压幅值进行了有效地限制，但它不能改变过电压的频率。阻容吸收器利用电容电压不能跃变的原理，所以电容有减缓过电压前沿陡度的作用，并能降低振荡频率，串联电阻的目的是为了在能量转化过程中消耗一部分能量。实践证明，没有安装有效过电压抑制装置的炉变，其运行是不稳定的。

12.4.1.3 冷却器

大部分采用强油水冷却器，它又分为卷板式、单管列管式及二重管列管式水冷却器，目前国内生产的冷却器质量与性能都能很好地保证运行安全。中国很多地方水资源稀少，因此部分产品用强油风冷。目前是采用电力变压器用的强油风冷却器，体积与噪声较大，不大适宜户内使用。20世纪瑞典用的板翅式散热器是由带有波浪油槽的一对钢板组成，钢板之间焊接形成一个冷却单元。由波浪板所分隔的表面构成较大的散热面，气流与油流的方向正交。冷却器整体热浸镀锌，既耐腐蚀又确保良好的导热性能。冷却器配有VMO油泵，泵内压差很低，使得1个油泵能带4台冷却器串联运行。风扇电机最多达18极、310r/min。

12.4.1.4 电容补偿

由于炉子的电阻随容量增加而减少，电抗值却有所增大，所以电炉容量越大，功率因数越低，这将造成供电能力的降低，电炉一般要求就地进行无功功率补偿。炉变分并联补偿和串联补偿两种。在并联补偿时，要考虑电容器组投入的瞬态涌流和分闸时可能伴有的电弧重燃，分闸的电弧重燃将使补偿绕组承受3倍或更大的暂态过电压。在串联补偿时，系统阻抗将大大降低，炉变二次线端短路时要产生更大的短路电流。理论上串联补偿具有即时补偿的优点，由于它只能用于负荷比较稳定的电炉中，这个优点体现得并不明显。并联电容器出现故障不会影响炉变输出电压和炉子正常运行，而串联补偿的表现正好相反。实际上，不论串联补偿还是并联补偿都不能改变炉子的参数，只要没提高炉变二次电流，二者都不能提高炉子的有功功率。

并联电容器和串联电抗器的组合还有谐波治理的功能，所以综合评价的结果，可能并联补偿比串联补偿更为优越。目前，欧洲在110kV及以下已普遍采用高压并联电容补偿，使得电容器投切瞬态可能危及炉变安全运行的因素将不再存在。

12.4.2 变压器工作原理

在变压器的铁壳内有一个很大的铁芯，这个铁芯由磁滞损失较小的硅钢片制成。此外，为了减少涡流引起的变压器发热，一片片厚为0.35~0.5mm的硅钢片上均涂有特殊的绝缘漆，而后相互叠加起来。铁芯上分别绕有两组线圈，与输入端相连接的线圈称一次线圈又称为原线圈，与输出端相连接的线圈二次线圈又称为副线圈。当输入端接入交流电压 u_1 后，在一次线圈中就有交流电流 i_1 流过，同时在铁芯内形成一个交变磁通。由于交变磁通的感应作用，在二次线圈内形成感应电势，由于电磁感应作用，在二次线圈内将有交流电压 u_2 产生。这时当二次线圈与电能使设备如冶炼硅铁的矿热炉形成回路，则在二次线圈内就有交流电流 i_2 通过。

如略去各种损失的影响，一次线圈与二次线圈中的匝数比存在着下列关系：

$$\frac{n_1}{n_2}=\frac{u_1}{u_2} \tag{12-39}$$

$$\frac{n_1}{n_2}=\frac{i_2}{i_1} \tag{12-40}$$

式中 n_1——一次线圈匝数；

n_2——二次线圈匝数；

u_1——一次线圈的电压即一次电压；

u_2——二次线圈的电压即二次电压；

i_1——一次线圈的电流即一次电流；

i_2——二次线圈的电流即二次电流。

由此可见，一次线圈和二次线圈中的电压与线圈的匝数成正比；而一次线圈和二次线圈中的电流则与线圈匝数成反比。

变压器一次线圈与二次线圈中的电压成正比，通常称为变压比，并以 k 表示，它在数值上等于线圈的匝数比。通过上面的叙述又可获得下面一个式子。

$$\frac{u_1}{u_2}=\frac{i_2}{i_1}=\frac{n_1}{n_2}=k \tag{12-41}$$

由此可以看出，变压器既可以起到升压作用，又可以起到降压作用。当一次线圈和二次线圈的匝数比大于1时，变压器就起降压作用，而且匝数比越大，降压的程度也就越大。起降压作用的变压器就称为降压变压器。冶炼硅铁的矿热炉所使用的炉用变压器就是一个变压比很大的降压变压器。相反，当一次线圈和二次线圈的匝数比小于1时，变压器就起升压作用，而且匝数比越小，升压的程度也就越大。起升压作用的变压器就称为升压变压器。发电厂变电所中的变压器就是一个变压比小于1的升压变压器。

此外，还可以看出，在降压变压器中，随着线圈中电压降低，电流值必然上升，而且电压降低的倍数等于电流上升的倍数。相反，在升压变压器中，随着线圈中电压升高，电流值就相应下降，而且电压升压的倍数等于电流下降的倍数。因此，在高压线圈中相应的电流就较小，而在低压线圈中相应的电流就较大。所以，冶炼硅铁的炉用变压器的输出线圈，要采用截面很大但匝数很少的铜带，就是这个缘故。

冶炼铁合金，尤其是冶炼硅铁消耗电量很大，因此，铁合金矿热炉的变压器容量都比较大。从供电角度来说，由炉用变压器输出的电能，矿热炉尽量将其全部接受过来，即电能全部做功，把这全部电能称为额定容量或视为存在的电功率，简称视在功率以 S 表示。把单位时间内用于冶炼上的电能（其中包括导电体上的电阻损失），称为有功功率以 P 表示。

从物理性质看电能又以磁能方式表现出来，实际上有电场的地方就有磁场。导电体周围的金属架，铁板等金属都有磁场存在。此磁场的产生是电能转换来的，是矿热炉变压器供给的。转换成磁的这部分电能，是不做功的消耗，单位时间内消耗的这部分功，称为无功功率并以 Q 表示。

可知视在功率包括两部分：一是有功功率，一个是无功功率。把有功功率与视在功率之比称为功率因数，用 $\cos\varphi$ 表示。

即：

$$\frac{P}{S} = \cos\varphi \tag{12-42}$$

它们之间的关系：

$$S = \sqrt{P^2 + Q^2} \tag{12-43}$$

$$P = S\cos\varphi \tag{12-44}$$

式中 S——视在功率，kW；

P——有功功率，kW；

Q——无功功率，kW；

$\cos\varphi$——功率因数。

从式（12-42）可知，功率因数 $\cos\varphi$ 是表示炉用变压器输出的电能，在冶炼上的利用程度。力求功率因数 $\cos\varphi$ 越大越好（最大值不超过1），一般为0.85～0.95。

冶炼硅铁是消耗热量很多的高温还原过程。为使冶炼反应加速进行，除考虑设备、原料和操作等因素外，选择合适的供电制度是十分重要的。

为了减少热量损失，提高热效率，硅铁冶炼采用连续加料和不漏弧的操作方法，可提高炉温和扩大坩埚，以加快反应进行。冶炼过程所需的热量主要是电能转变的。由炉用变压器输出的电能，经短网等导电系统输入到炉内，产生的弧热和电阻热，供冶炼硅铁使用。

实际电能在输出和转变为热能的过程中必有损失，故必须选择合适的供电制度，以减少电能和热量的损失，从而提高炉子的总效率（矿热炉总效率=电效率×热效率）。所谓选择供电制度，就是选择较合适的二次电压和电流值。反之，电压越低，则电流越高。当采用较高电压的供电制度，输入炉内的有用功率高，功率因数和电效率均较高。但是，电压较高时，电弧的长度增长，则电极往炉料中插得较浅，刺火较严重，炉口温度升高，硅的挥发损失和热量损失均增大，热效率降低；并且由于刺火严重和炉口温度高，炉况较难控制、容易出现烧坏铜瓦、水管等事故。电压高输入炉内功率大，虽然产量可有所增加，但单位电耗也较高，因此，采用较高电压的供电制度是不合理的。

当采用较低的电压供电制度时，使电极较深地插入炉料中，硅的挥发损失减少，炉口温度降低，炉况较易控制，热量损失也较少，热效率升高。但是，过低的电压使输入功率大为降低，所以，产量低时，单位电耗有时会较高。不同供电制度对冶炼75硅铁的技术经济指标的影响见表12.6。

表 12.6 不同供电制度对冶炼 75 硅铁的技术经济指标的影响

项 目	供电制度	
	$V_2=148V$ $I_2=39000A$	$V_2=160V$ $I_2=36200A$
炉子容量/kV·A	10000	10000
电效率/%	83.3	85.2
炉口气体温度/℃	760	780
硅的挥发损失/%	10	12.7
热效率/%	52.2	49.6
总效率/%	43.7	42.2
单位电耗/度·吨$^{-1}$	8720	9278

应当指出，这个示例，电压 148V，电流 3900A 的供电制度，不是所有同容量的炉子均可适用。因为，这个炉子电极直径，极心圆直径，炉身尺寸以及原料条件，操作特点和设备情况还未说明。但可看到较高电压的供电制度，电效率，炉口温度和硅的挥发损失均较高，热效率较低，所以，单位电耗也高。反之，电压较低时，热效率较高，炉口温度低和硅的挥发损失较少，故电效率较低，但单位电耗仍较低。

综上所述，硅铁冶炼应采用电效率和热效率比较高的供电制度最为合理。在保持炉况良好和输入功率较高的前提下，采用较低电压，较大电流是冶炼硅铁比较合理的供电制度。

对一台硅铁矿热炉要选择合适的供电制度，必须从产量，单位电耗和操作情况多次比较，反复实践后再确定。

12.4.3 电炉变压器的容量、一次电压和二次电压

12.4.3.1 容量

炉变单台容量增大对低碳和节能高效有巨大作用，目前每个炉种只有少数几个大容量的规格，过去从很小容量到很大容量的系列型谱不再存在，大容量电炉已成为世界潮流，今后炉变标准的制修思路必然有大的改革。美国西屋公司生产两台供 400t 电炉的 162MV·A 电炉变压器。欧洲与日本也安装有 80～120MV·A 的大型电炉。沙特、南非、印度及韩国等也都更新安装了大容量电炉。中国在 70 年代以前只生产 0.5～20t 电炉，炉变容量为 400～9000kV·A。经过多年的发展，目前中国已具备大型电炉变压器生产能力，已经生产了几十台 30～140MV·A 高阻抗电炉变压器，且有多台 30～120MV·A 电炉变压器销往世界各地。

12.4.3.2 一次电压

在单台容量不断增大的同时，炉变一次电压也在不断提高。虽在20世纪70年代已出现110kV直降式炉变，但人们仍公认20~35kV是炉变一次电压的最佳选择。其后高压直降式得到很快发展，高压直降式实际是一种将工厂降压站和电炉变压器组合布置在一起的做法，由于炉变直接从高压电网受电，所以降低了投资，提高了用电效率。高压直降式炉变制造技术已日臻成熟，运行也十分可靠，所以国内外的大型炉变已普遍采用66~154kV进线。20世纪，德国已有两台80MV·A、220kV的炉变供120t电炉用，瑞士也有一台220kV的炉变产品。可以想象，220kV或更高的电压将在大型电弧炉中得到更多的应用。

12.4.3.3 二次电压

二次电压的选择参考以下原则：

（1）在保持路况良好的前提下，二次电压不应选择过低，以使炉子达到最大的总效率，获得好的技术经济指标。

（2）冶炼不同牌号的硅铁，或使用炉料的性质变化时选择的二次电压也应有所不同，以保证矿热炉内的功率及电流分布合乎冶炼要求。例如冶炼45硅铁时，由于炉料中的钢屑较多，炉料的导电性较75硅铁炉料的导电性强，因而在同样容量的矿热炉中冶炼45硅铁时，应采用比冶炼75硅铁为低的二次电压。因此，选择二次电压不仅考虑了冶炼温度互不相同这一因素，也考虑了炉料导电性互不相同这一因素。炉料中的焦炭性质不同时，如其电阻比较低，所用的电压应选择较低些。反之，焦炭的电阻较高时，所用的电压应选择较高些。

（3）不同容量的炉子所选择的二次电压也不应相同。容量越大，所用的二次电压要越高，容量越小的炉子，所用的电压应越低。

（4）用电烘炉，开炉加料和炉子热停后送电等特殊情况，操作电压应适当低于正常冶炼时的电压。一般来说，硅铁矿热炉的二次电压可按下面一个经验公式来确定：

$$V = K\sqrt[3]{P} \tag{12-45}$$

式中 V——所选择的二次电压，V；

P——矿热炉变压器容量，kV·A；

K——电压选择经验常数。

其中 $K = 6 \sim 7.5$。

由上述经验公式初步确定二次电压的选择范围后，再根据实际操作情况加以分析比较，最后正式确定技术经济指标较好的二次电压范围和常用的二次电压值。

过去的普通功率电弧炉和超高功率电弧炉都是短粗电弧操作，变压器二次电压低、电流大，大电流回路的无功功率和损耗也大。高阻抗电弧炉是长电弧、小电流操作，炉变二次电压比过去提高一倍左右。以 100t 电炉为例，普通超高功率的变压器容量为 60MV · A，二次最高电压为 558V。高阻抗的变压器容量为 100MV · A，二次最高电压为 1200V。与普通超高功率电弧炉相比较，高阻抗电弧炉变压器的二次最高电压增加了 1.15 倍，输入功率增加了 0.67 倍，而二次电流下降了 22.5%，电能消耗下降了 42.3%，石墨电极消耗下降了 76%，熔化时间从过去的 74min 下降到 28min，冶炼时间由过去的 144min 下降到 45min，年生产量由过去的 30 万吨增加到 100 万吨。可见，二次电压提高的效果是令人鼓舞的。

13 硅铁的精炼

硅铁精炼随着科学技术和材料工业的发展，对钢材质量提出了越来越高的要求，这就要求提供铝、钙、碳、磷、硫等杂质含量极低的高纯度硅铁。为了提高硅铁质量，满足冶炼特殊钢的要求，国内外对硅铁精炼做了大量研究，生产出$w(Al)<0.01\%$、杂质很低的硅铁。传统的精炼方法大致分为合成渣氧化精炼和氯化精炼两类。前者较后者精炼工艺和精炼设备均简单，成本低，但成品杂质脱除效率较差，特别是钛的脱除更差；后者的最大优点是杂质脱除效率高，即精炼效果好，然而吹氯的排出气体必须净化处理，工艺流程较复杂，成本高，因而应用受到限制。由于受炼钢炉外精炼技术的启迪，把炉外预熔渣氧化精炼与底吹气体结合起来使精炼效果大为提高，成为国内外目前普遍采用的一项硅铁精炼技术。

13.1 氧化精炼

用氧对铁合金熔体作选择性氧化精炼以去除熔体中的杂质，或提取其中有用元素的方法。用氧精炼硅铁降低钙、铝、碳等杂质生产高纯硅铁。氧精炼法是直接处理从电炉或高炉出炉的铁合金熔体，充分利用熔体的显热，不用补充热能，是一种节能技术，生产周期短、处理量大，设备简单。

从热力学条件看，由元素的氧化物自由能与温度的关系（见图13.1）可知：元素氧化物的生成自由能负值越大，则其越稳定。

在同一温度范围内，处在图13.1下部的氧化物生成自由能负值比处在图13.1上部的氧化物生成自由能负值大，即处在图13.1下部的氧化物比处在图13.1上部的氧化物稳定。因此，从理论上讲，处在上部的氧化物可充当氧化剂将下部的元素氧化。

若采用氧化精炼的方式，向硅铁中吹入纯氧或空气等气体作氧化剂，则存在如下反应：

$$2Ca + O_2 \xlongequal{} 2CaO \tag{13-1}$$

$$4Al + 3O_2 \xlongequal{} 2Al_2O_3 \tag{13-2}$$

$$Si + O_2 \xlongequal{} SiO_2 \tag{13-3}$$

由于氧气与合金组分发生剧烈反应，生成凝聚渣相，并放出大量的热，因此，可为其精炼过程提供必要的能量。

若向硅铁合金熔体中加入SiO_2和熔剂，则存在如下反应：

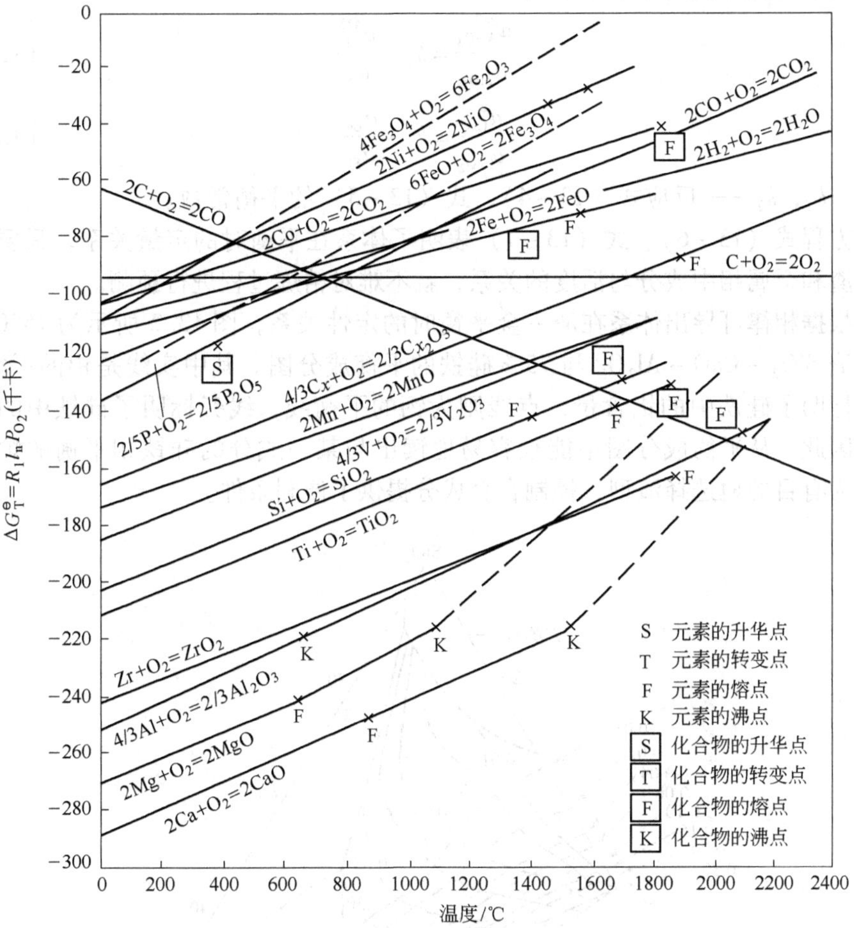

图 13.1 不同元素的氧化物自由能与温度的关系

$$4/3Al + SiO_2 = Si + 2/3Al_2O_3 \quad (13-4)$$

$$2Ca + SiO_2 = Si + 2CaO \quad (13-5)$$

通过式（13-4）、式（13-5）同样也能实现精炼硅铁的目的，并能够补充一部分精炼过程中硅的损耗，抑制硅的氧化。

由于精炼主要目的是降低合金中的铝、钙含量，即炉外精炼过程就是将硅铁合金熔体中的铝、钙等金属杂质氧化，使其进入渣相，金属与熔渣达到热力学平衡，从而实现脱除杂质的目的。因此，选择合适的渣型及终渣成分，以及向熔体提供合适的氧化剂是关系到精炼能否顺利实现的关键。

如果将精炼过程的热力学分析的对象确定为 Si-Ca-Al-O 系，这样渣-金平衡实质是式（13-4）、式（13-5）同时建立了平衡。平衡时，渣-金相中各组元的活度关系满足如下方程式：

$$\frac{a_{Al_2O_3}^{2/3}}{a_{SiO_2}}=k_1\cdot\frac{a_{Al}^{4/3}}{a_{Si}} \tag{13-6}$$

$$\frac{a_{CaO}^{2}}{a_{SiO_2}}=k_2\cdot\frac{a_{Ca}^{2}}{a_{Si}} \tag{13-7}$$

式中　k_1，k_2——反应式（13－4）、式（13－5）的平衡常数。

方程式（13－6）、式（13－7）表明了体系在平衡时的定量关系，只要知道了炉渣和金属相中成分与活度的关系，就不难对精炼过程进行预测。

根据相律可导出体系在渣－金平衡时的定性关系，图 13.2 所示为 1550℃时三元渣 $SiO_2-CaO-Al_2O_3$ 与 75% 硅铁的平衡成分图。其中实线是铝的平衡线，线旁标明了硅铁中的铝含量，点线则为钙的平衡线，线旁标明了硅铁中的钙含量。因此，从平衡成分图中能很容易地读出与某一成分的硅铁相平衡的炉渣成分，为有目的地选择渣型、控制合金成分提供了便利条件。

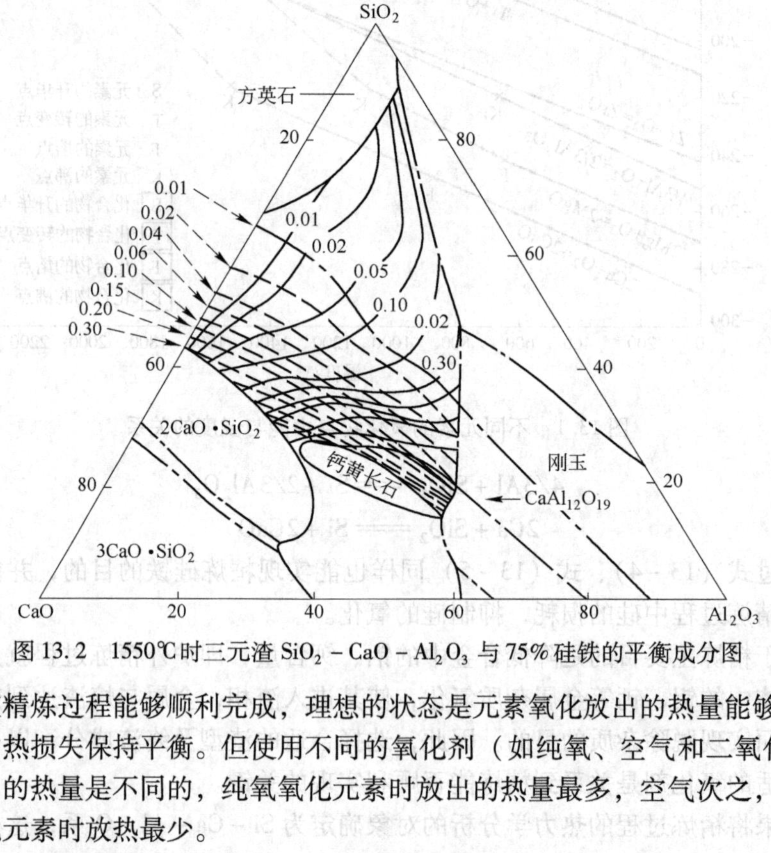

图 13.2　1550℃时三元渣 $SiO_2-CaO-Al_2O_3$ 与 75% 硅铁的平衡成分图

为使精炼过程能够顺利完成，理想的状态是元素氧化放出的热量能够和精炼过程中的热损失保持平衡。但使用不同的氧化剂（如纯氧、空气和二氧化硅等）所释放出的热量是不同的，纯氧氧化元素时放出的热量最多，空气次之，而二氧化硅氧化元素时放热最少。

要维持精炼过程中能量的平衡，使精炼温度不致过高或过低，尽管理论上是可行的，但仍需通过试验才能获得一个完整的结论。

体系中硅铁的熔化温度为1250～1350℃，而出炉温度通常为1700℃左右，渣相熔化温度为1100～1400℃，为使渣—金相都能具有良好的流动性和反应温度，选1500～1650℃作为精炼过程的温度区间是较为合适的。

精炼硅铁时，能否创造出良好的动力学条件，是获得理想精炼效果的关键。

由于在硅铁精炼过程中，形成的三元型高二氧化硅渣，其密度略小于金属熔体的密度，因此渣将浮在熔体的上面，这样就会阻止固体氧化剂（SiO_2）和助熔剂的加入，从而影响精炼的正常进行。

有关资料表明，即使是通过氧枪吹入纯氧，氧气对硅铁熔体的搅拌作用仍极弱，却致使金属熔体中硅大量烧损，造成局部区域熔体温度过高，不仅容易烧坏设备，而且影响精炼效果。

从动力学角度考虑，精炼时需对熔体进行充分的搅拌。充分地搅拌，不仅可防止顶层渣结壳，还能使顶渣充分地参与反应，使固体氧化剂能顺利地加入，或者在吹入氧气时，还可增加氧与合金杂质组元接触的几率，并能够使熔体内温度均衡，保持整个渣-金体系的流动性良好，加速渣-金平衡的建立。

采用机械搅拌比较困难，而采用气体搅拌却是简便易行的。通常用于搅拌的气体有氩（Ar）气、氮气（N_2），以及压缩空气等。特别是在吹入氧气进行精炼时，以一定比例混入上述气体进行搅拌，效果将会更好。

目前就吹气方式而言，有顶吹和底吹两种。资料表明，采用底吹方式效果十分理想。

对硅铁合金进行炉外精炼，可以大幅度降低其杂质含量，提高品质。将其应用于工业生产在技术上是完全可行的。

采用底吹氧化精炼，其设备较为简单，运行可靠，操作简便易行，是一种高效、理想的方式。从实验情况看，在进行工业生产时，采用底吹压缩空气、氧气混合气的方式，将是最佳的选择。

若要将硅铁中铝、钙含量分别控制在0.11%、0.105%以下，则终渣成分应控制在$SiO_2>42\%$，$Al_2O_3<28\%$，$CaO<38\%$范围内。

13.2 氯化精炼

氯化精炼法氯化精炼是使合金中杂质生成氯化物而被排除的方法，即“选择性氯化”。首先生成钙的氯化物，其次为铝，待钙、铝氯化达到平衡时，硅才会被氯化。

氯化精炼时合金中的钙降到微量，铝降到0.01%，钛可降低40%～50%，非金属夹杂物可由0.8%～1.2%降至0.3%～0.6%。国外用氯气通过石墨喷嘴处理硅75（1t硅铁耗15kg氯气），铝由0.8%降至0.08%，钙由0.15%降至

0.01%。表13.1列出了75%硅铁在精炼时杂质去除的情况。

表13.1 硅铁用氯精炼前后成分变化 （质量分数/%）

元素	75%标准硅铁（未处理时）	高纯75%硅铁（用氯精炼后）	元素	75%标准硅铁（未处理时）	高纯75%硅铁（用氯精炼后）
Si	76.0	76.0	Ca	0.15	0.01
Cr	0.08	0.08	Ti	未测	未测
C	0.05	0.05	P	未测	未测
Al	0.8	0.08			

此法脱铝率很高，但氯气毒性大，给操作带来许多困难，故近年来采用四氯化硅和四氯化碳进行氯化脱铝，并与其他气体混合吹入，效果都很好。

14 硅铁生产的环境保护

14.1 硅铁炉烟气的产生及变化规律

硅铁冶炼的过程中，电炉产生的废气主要包括：电炉熔池在高温电热下，还原剂碳与氧气发生反应生成 CO 和 CO_2；熔池内碱性金属炉料在高温下汽化，熔融金属被氧化或者直接蒸发进入废气（随后冷却变成固态粒子）；未被完全燃烧的焦炭末、矿粉等被汽化和蒸发的金属或热气流带出熔池进入废气；在烟囱抽力作用下，从烟罩敞口处进入的空气。这些物质构成了电炉烟气，也就是常见的浓浓的白色烟雾。

在一炉硅铁冶炼的过程中，烟气量、烟气成分和烟气温度是不断变化的：烟气量一般为前后较少，中间最大；烟尘浓度是前中期较高（因为前期要加料，中期要捣炉、投料），后期较低；烟气温度是随着熔池温度的升高而升高。

14.2 烟气性质

硅铁冶炼烟气成分见表 14.1（该表是烟气的理论体积分数，没有考虑烟气在炉口处与空气的反应。对于半密闭硅铁炉而言，在冶炼过程产生的 CO 会在炉口与混入的大量空气反应生成 CO_2，实际体积与各种化合物含量也有很大的区别）。

表 14.1 烟气成分含量

冶炼品种	炉气理论量（标态）/$m^3 \cdot t^{-1}$	烟气成分（理论体积分数）/%					
		CO	N_2	H_2O	CO_2	H_2	其他
FeSi75	2500	82.7	12.3	0.6	2.3	0.6	1.5

烟气中粉尘成分见表 14.2。

表 14.2 烟气中粉尘成分

成分	SiO_2	FeO	MgO	Al_2O_3	CaO	C
含量/%	约 80	约 3	约 5	0.2~1.5	0.4~1	10

粉尘粒径分布见表 14.3。

表 14.3 粉尘粒径分布

粒 径	<1μm	1~10μm	≥μm
含量/%	>82	13	5

由表 14.3 可知，硅铁炉烟气中烟尘粒径小于 1μm 的部分占据了很大的比例，用一般的除尘技术很难治理达标。

总之，半密闭硅铁炉产生的烟气量大、含尘浓度高，且多位微细粉尘，由于烟气的主要成分为 CO 和 N_2（CO 烟出口被氧化为 CO_2），故烟气净化主要是微细粉尘的捕集。

14.3 硅铁炉烟尘特点与治理

在硅铁炉冶炼阶段，产生的烟气与其他两个过程有明显的不同。它具有以下的特征：烟气中粉尘微细、密度小；在空气中停留时间长、不易沉降；比电阻大；气体的黏度随温度增高而增大，在金属或纺织品表面上的黏结性很强，附着力大，亲水性好，易于结团；布袋过滤时可使布袋带静电。这种粉尘在空气中有较强的扩散能力，除尘设备不易捕集，当布袋的容尘能力饱和以后除尘器的阻力变大，而且清灰时也很难清落，这是由于这些布袋的堵塞造成的。以上这些原因给硅铁炉烟气的治理带来了困难。

硅铁炉烟尘治理的关键在于选择合适的除尘器，人们在工程实践中发现：湿法净化装置——高能洗涤器或文丘里洗涤器，虽然设备简单、投资省，但主要存在动力消耗大（约为布袋除尘器的 3~6 倍），水处理系统很复杂，而且处理下来的粉尘无法利用。电除尘主要问题是，硅粉比电阻高达 $1.3\times10^{13}\,\Omega\cdot cm$，必须往烟气中加水将湿度调到 20%，使比电阻降到 $9\times10^{10}\,\Omega\cdot cm$ 时才能达到除尘效果，此法又带来酸腐蚀和水处理的问题，投资昂贵。因此，国内外几乎全部是采用布袋除尘技术。我国硅铁炉烟尘治理虽然起步较晚，但与国际治理技术的差距日益缩小，老厂的高烟罩敞口电炉已逐渐改为半封闭（矮烟罩）式电炉，配备干法滤袋除尘器净化设施。目前布袋除尘主要有 4 种形式，即扁布袋、回转式、脉冲式和反吹大布袋。其中，扁布袋和回转式已基本淘汰，现在流行的主要是脉冲喷吹和反吹大布袋。国外，现在正从反吹大布袋逐渐向脉冲喷吹式转变。

反吹大布袋除尘器技术特点是：除尘器是利用布袋内侧收集灰尘，布袋清灰是利用抽自除尘器出口主引风机的正压侧热风进行反吹风。清灰过程的完成是由反吹风阀和布袋除尘器的出口阀通过限位开关实行联锁控制，并以压差控制清灰周期。该系统与以往除尘器相比，具有烟气处理量大、结构简单、自动化程度较高等特点。目前国内硅铁炉烟尘治理多采用该技术，如天津铁合金厂、遵义铁合金厂等硅铁炉均采用的是反吹大布袋除尘器；另外上海宝钢引进日本的反吹大布袋除尘器也比较多。但从企业使用情况调查分析，反吹大布袋除尘器普遍存在烟尘在各滤室分布和反吹清灰作用力不均匀，致使布袋清灰消耗动力大、清灰不彻底、布袋使用寿命短、除尘效率较低等问题。

脉冲喷吹布袋除尘器技术特点是：进入脉冲喷吹布袋除尘器的粉尘阻留在布袋外层，布袋清灰是由脉冲喷吹机构依次对各排布袋喷射压缩空气，使布袋获得抖动和反向气流而清落粉尘。由于常规脉冲布袋除尘器一般为在线清灰，且喷吹时间极短（约0.1s），因此易产生“粉尘再附”现象，除尘效果不理想。目前，国外已将在线清灰型发展为离线清灰型脉冲除尘器，较好地解决了问题。同时，离线清灰型脉冲除尘器与反吹大布袋除尘器相比，又具有滤速高、阻力低、结构紧凑、占地面积小以及物耗、能耗、投资均少等优点，在国外已占据市场主导地位。

目前，有人已开始针对硅铁炉的高温烟气开始了余热回收方面的研究，并且取得了初步的成效。也许在不久的将来，人们就可以通过余热回收的装置来产生成生产和生活中所需要的热水和蒸汽了。这无疑又可以为企业降低生产成本，创造更好的经济效益。总之对硅铁炉烟尘的治理已经从最初的环保目的发展到今天环保目的和经济效益兼顾，在治理过程中尽可能多地回收有用的物质，提高原材料的利用率，降低生产成本，提高企业的竞争力。

14.4 硅铁炉烟尘的治理

14.4.1 概述

目前，国内硅铁炉除尘可供采用的方法有旋风或重力除尘、湿法除尘、电除尘和布袋除尘器。以上除尘方法在第一篇第八章中已阐述。在硅铁炉烟尘治理时，其第二级除尘可供采用的设备有：电除尘器（需要调节比电阻）、布袋除尘器、湿式除尘器。

14.4.2 硅铁炉烟气除尘典型工艺

我国是铁合金生产的大国，生产过程造成的大气环境污染也是相当的严重。近年来国家加大了对环保的执法力度，大部分铁合金厂家都在拟建或已经建成了烟气治理系统。

建设这种烟气治理的环保项目对于大多数铁合金企业来说都非常被动，它不仅投资大而且没有直接的经济效益，但是随着技术的发展，这种局面正在被逐步改变。硅铁炉烟尘与其他冶炼过程烟尘有所不同，它不仅具有温度高，粉尘浓度大等特点，并且收集的粉尘用途广泛，市场价值高。因此，在建设除尘系统的过程中人们会想到将烟气中的热量和粉尘加以回收利用。生产硅铁时还原热占能量输入的40%～50%，烟气带走的热能为输入能量的40%左右。因此，开展硅铁炉的余热回收工作具有广阔的前景，是铁合金行业持续良性发展的必经之路，不过硅铁炉产生的烟气温度偏低（余热锅炉需要进口烟气温度大于700℃），烟气量不大，目前使用的余热锅炉中，对于这种烟气热量回收的效率比较低。因此，硅铁炉烟气余热的回收还处于探索阶段。硅铁炉烟气治理典型工艺如图14.1所示。

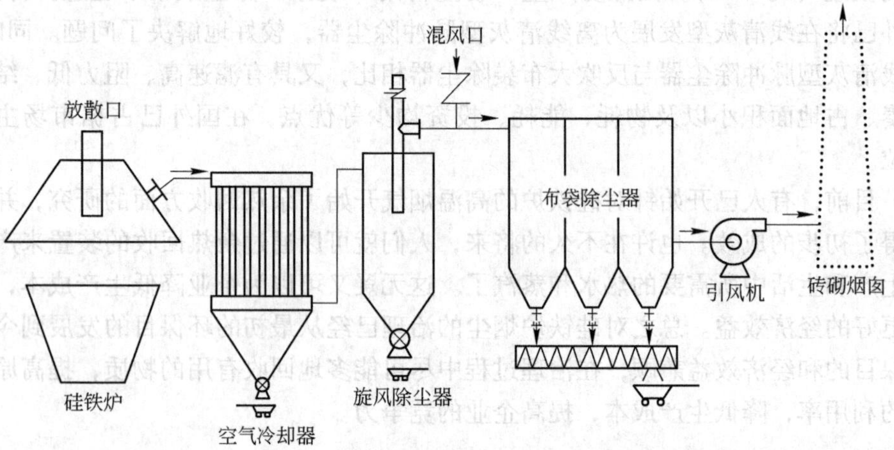

图14.1 硅铁炉烟气治理典型工艺

由图14.1可见，系统烟气首先经过空气冷却器降温（温度由400℃降至220℃左右）；然后进入预处理器，它的主要作用是去除烟气中的大颗粒粉尘，这种粉尘一般为没有燃烧完全的炭颗粒，事先去除以消除对后面设备的影响，并提高回收粉尘中SiO_2的浓度，增加回收粉尘的附加值（回收粉尘中SiO_2的含量越高，其附加值越大）；预处理器出来的烟气再进入布袋除尘器，最后通过风机达标排放。系统需要注意的问题主要有三个：

（1）冷却器的选用。选择好的冷却器不仅可以节省投资，更能够很好地控制温度。

（2）烟气温度必须控制好。温度太高会影响布袋除尘器的使用，影响风机的使用寿命，温度太低会导致烟气中的水蒸气结露，使布袋除尘器无法正常工作。

（3）系统阻力尽可能地低。由于系统中的冷却器、旋风除尘器和布袋除尘器的阻力都比较大，如果设备的设计和布置不合理有可能导致系统阻力过大，增大风机的能耗，生产成本增加。

14.5 建议

硅铁炉除尘系统有一些值得注意的问题，如：高温段烟气管道的膨胀问题、粉尘的加密、系统温度控制的延时。对于硅铁炉烟气治理系统而言，这种“先污染、后治理”并不能从源头上解决硅铁炉生产所造成的污染问题。应该在硅铁及其他铁合金的生产中引入清洁生产的概念，即不断采取改进设计，使用清洁的能源和原料，采用先进的工艺和设备。综合利用等措施，从源头上削减污染，提高资源利用效率，减少或者避免生产过程中污染物的产生和排放，以减轻或者消除对人类健康和环境的危害。

参 考 文 献

[1] 实用工业硅技术编写组．实用工业硅技术［M］．北京：化学工业出版社，2005.
[2] 何允平．工业硅技术文集［M］．北京：冶金工业出版社，1991.
[3] 王力平．工业硅炉况控制的探讨［J］．铁合金，2004(5)：6.
[4] 方德初．工业硅炉正常运行的失调及消除方法［J］．铁合金，2004(5)：23.
[5] 李化海，杨永森．工业硅炉系列化技术参数探讨［J］．铁合金，2007(6)：22.
[6] 实用工业硅技术编写组．实用工业硅技术［M］．北京：化学工业出版社，2005.
[7] 何允平，王恩慧．工业硅生产［M］．北京：冶金工业出版社，1989.
[8] 何允平．工业硅技术文集［M］．北京：冶金工业出版社，1991.
[9] 陈德胜．如何提高工业硅的质量［J］．轻金属，2003(5)：49.
[10] 张剑．冶金提纯法制备太阳能级多晶硅研究［D］．大连：大连理工大学，2009.
[11] 单继周．工业硅的冶金法提纯研究［D］．郑州：郑州大学，2011.
[12] 马晓东．冶金法去除工业硅中杂质的研究［D］．大连：大连理工大学，2009.
[13] 张慧星．工业硅定向凝固提纯研究［D］．大连：大连理工大学，2009.
[14] 王恩慧．工业硅氯化精炼原理的探讨［J］．轻金属，1995(1)：16.
[15] J K Tuset 硅精炼原理［J］．阎惠君摘译．铁合金，1988(6)：43.
[16] 戴永年，马文会，杨斌．粗硅精炼制多晶硅［J］．技术与装备，2009(9)：29.
[17] 罗绮雯，陈红雨，唐明成．冶金法提纯太阳能级硅材料的研究进展［J］．中国有色冶金，2008(1)：12.
[18] 蒋文举，宁平，等．大气污染控制工程［M］．成都：四川大学出版社，2005.
[19] 陈明绍，等．除尘技术的基本理论与应用［M］．北京：中国建筑工业出版社，1982.
[20] 罗辉，等．环保设备设计与应用［M］．北京：高等教育出版社，1997.
[21] 刘天齐．三废处理工程技术手册［M］．北京：化学工业出版社，1999.
[22] 刘志伟．湿式除尘中除灰系统应注意的问题［J］．低温建筑技术，2010(7)：108 ~ 109.
[23] 中国冶金百科全书总编辑委员会《有色金属冶金》卷编辑委员会，冶金工业出版社《中国冶金百科全书》编辑部编．中国冶金百科全书·有色金属冶金．北京：冶金工业出版社，1999：262 ~ 264.
[24] 宁崇德．工业硅市场评述．轻金属［J］．1993，9.
[25] 中国冶金百科全书总编辑委员会《钢铁冶金》卷编辑委员会，冶金工业出版社《中国冶金百科全书》编辑部编．中国冶金百科全书·钢铁冶金．北京：冶金工业出版社，2001：268 ~ 271.
[26] GB/T 2272—2009，硅铁［S］．
[27] 罗凯．对我国硅铁生产现状分析及发展的思考，冶金管理［J］．2009，8(30)：39 ~ 41.
[28] 高旭．中国硅铁生产现状与近期硅铁市场走势，世界金属导报［J］．2004，8(10)．
[29] 徐鹿鸣，徐慧．硅系铁合金生产技术［M］．北京：北京科技大学出版社，1988.
[30] 刘卫，王宏启．铁合金生产工艺与设备［M］．北京：冶金工业出版社，2009.

[31] 吕俊杰. 铁合金冶炼技术操作 [M]. 沈阳：东北大学出版社，1994.
[32] 许传才. 铁合金冶炼工艺学 [M]. 北京：冶金工业出版社，2008.
[33] M A 雷斯. 铁合金冶炼 [M]. 北京：冶金工业出版社，1986.
[34]《硅铁生产一百问》编写组. 硅铁生产一百问 [M]. 北京：冶金工业出版社，1977.
[35] 周进华. 铁合金生产技术 [M]. 北京：科学出版社，1991.
[36] 张得红，李红晓. 75% 硅铁杂质组成及精炼铁合金 [J]. 铁合金，2004(1)：19~22.
[37] 李晓龙. 25MV·A 硅铁电炉电极事故的预防及处理 [J]. 铁合金，2006(1)：28~30.
[38] 把多华. 硅铁电炉电极维护和事故处理实践 [J]. 铁合金，2007(3)：26~28.
[39] 栾心汉，唐琳，李小明，等. 铁合金生产节能及精炼技术. 西安：西北工业大学出版社，2006.
[40] 邓洪斌. 12.5MV·A 硅铁炉氧化精炼生产低碳硅铁实践 [J]. 山西冶金，2011(3)：44.
[41] 孙海峰，张芙玉，丁伟中. 硅铁炉外氧化精炼的实验研究 [J]. 铁合金，2000(1)：29.
[42] 姚登华. 硅铁炉外氯化精炼实践研究 [J]. 铁合金，2001，(2)：10.
[43] 魏正明. 矿热炉设计制造标准探讨 [J]. 铁合金，2006，37(1).
[44] 袁熙志，黄方龙，王乐飞，矿热炉短网在工程中的优化设计与研究 [J]. 铁合金，2003，34(2).
[45] 沈阳变压器研究所. 变压器 [M]. 北京：机械工业出版社，1988.
[46] 崔立君. 特种变压器理论与设计 [M]. 北京：科学技术文献出版社，1996.
[47] 高海涛. 我国工业硅生产技术进展及发展方向 [J]. 轻金属，1996(4)：38~40.
[48] 何允平. 中国硅工业的回顾与发展趋势 [J]. 中国金属通报，2007(10)：2~6.
[49] 武建国. 制造抗裂抗断低消耗矿热炉电极 [J]. 铁合金，2010，41(6)：22~25.
[50] 赵乃成，张启轩. 铁合金生产实用技术手册 [M]. 北京：冶金工业出版社，2003.
[51] http：//wenku. baidu. com/link？ url = M2ZGEpaO7J – GepntGbBY99k9_ cGgj VHtj – QMU8WLdv_ 2oPdrrTiXKu_ qPApnocxZkI5rkQd66Hz5uKsn7hJYeJ0ZY AM62R2PMWnE – fQrXjS.
[52] http：//wenku. baidu. com/link？ url = 4yLDjbBCKSwG7oyPOCpPHO5HTHTFH 1IhMqrAAxMgz 7iuC3WDA407w4ykH – – dbfwypAzIvdC6S7EX5q6w5YpOPbeeG 8h94iCUaev9xAKkcDW.
[53] http：//thj. mysteel. com/12/1029/09/17D0303B3E261978. html.
[54] 徐启明. 硅铁炉烟尘治理及回收利用研究 [D]. 武汉理工大学，2006.

冶金工业出版社部分图书推荐

书　名	定价（元）
新能源导论	46.00
锡冶金	28.00
锌冶金	28.00
工程设备设计基础	39.00
功能材料专业外语阅读教程	38.00
冶金工艺设计	36.00
机械工程基础	29.00
冶金物理化学教程（第2版）	45.00
锌提取冶金学	28.00
大学物理习题与解答	30.00
冶金分析与实验方法	30.00
工业固体废弃物综合利用	66.00
中国重型机械选型手册——重型基础零部件分册	198.00
中国重型机械选型手册——矿山机械分册	138.00
中国重型机械选型手册——冶金及重型锻压设备分册	128.00
中国重型机械选型手册——物料搬运机械分册	188.00
冶金设备产品手册	180.00
高性能及其涂层刀具材料的切削性能	48.00
活性炭-微波处理典型有机废水	38.00
铁矿山规划生态环境保护对策	95.00
废旧锂离子电池钴酸锂浸出技术	18.00
资源环境人口增长与城市综合承载力	29.00
现代黄金冶炼技术	170.00
光子晶体材料在集成光学和光伏中应用	38.00
中国产业竞争力研究——基于垂直专业化的视角	20.00
顶吹炉工	45.00
反射炉工	38.00
合成炉工	38.00
自热炉工	38.00
铜电解精炼工	36.00
钢筋混凝土井壁腐蚀损伤机理研究及应用	20.00
地下水保护与合理利用	32.00
多弧离子镀 Ti – Al – Zr – Cr – N 系复合硬质膜	28.00
多弧离子镀沉积过程的计算机模拟	26.00
微观组织特征性相的电子结构及疲劳性能	30.00